安徽财经大学服务安徽经济社会发展系列研究报告 2018

安徽生态文明建设发展报告 2018

——制造业绿色化发展专题报告

张会恒 叶 圣 等著

合肥工业大学出版社

图书在版编目(CIP)数据

安徽生态文明建设发展报告 2018:制造业绿色化发展专题报告/张会恒,叶圣等著.—合肥:合肥工业大学出版社,2018.6

(安徽财经大学服务安徽经济社会发展系列研究报告 2018)

ISBN 978-7-5650-4011-5

Ⅰ.①安… Ⅱ.①张…②叶… Ⅲ.①生态环境建设—研究报告—安徽—2018 ②制造工业—无污染技术—研究报告—安徽—2018 Ⅳ.①X321.254②F426.4

中国版本图书馆 CIP 数据核字(2018)第 118576 号

安徽生态文明建设发展报告 2018
——制造业绿色化发展专题报告

张会恒 叶 圣 等著   责任编辑 陆向军 刘 露

出　版	合肥工业大学出版社		版　次	2018 年 6 月第 1 版	
地　址	合肥市屯溪路 193 号		印　次	2018 年 6 月第 1 次印刷	
邮　编	230009		开　本	710 毫米×1010 毫米　1/16	
电　话	综合编辑部:0551-62903028		印　张	13.25	
	市场营销部:0551-62903198		字　数	185 千字	
网　址	www.hfutpress.com.cn		印　刷	合肥现代印务有限公司	
E-mail	hfutpress@163.com		发　行	全国新华书店	

ISBN 978-7-5650-4011-5   定价：37.00 元

编 委 会

　　安徽财经大学科研工作始终坚持立足安徽做学问、服务安徽出成果，特别重视立足地方和行业需求构建多层次智库平台。安徽经济发展研究院是安徽财经大学设立的研究安徽经济社会发展的专门机构，拥有安徽省人文社科重点研究基地、省级协同创新中心、省教育厅智库和安徽省重点智库四个省级科研平台。这些平台在优化资源配置、聚合科研力量，鼓励和引导教师围绕安徽省委省政府的重大发展战略选题，深入研究安徽经济社会发展中的重点、热点和难点问题，着力破解制约安徽地方经济社会发展的重大理论和现实问题，为建设特色鲜明的地方高水平财经大学提供了有益的智力支持，取得了较为丰硕的成果并积累了丰富的经验。安徽经济社会发展研究院努力实现在安徽经济发展方面的理论基础、政策研究与实践应用的紧密结合，把安徽经济社会发展研究院打造成为立足安徽、面向全国的财经智库。

　　安徽财经大学每年出版的服务安徽经济社会发展系列研究报告是由安徽经济社会发展研究院组织相关学院的专兼职研究人员编写的。我校 2006 年公开出版服务安徽经济社会发展的首部研究报告——《安徽经济发展报告》，2007 年《安徽省县域经济竞争力报告》发布，2010 年《安徽省贸易发展研究报告》出版，形成我校服务安徽经济社会发展的三大品牌报告。至 2018 年，年度研究报告增至 10 多部，主要包括：《安徽经济发展研究报告》《安徽县域经济竞争力报告》《安徽贸易发展研究报告》《安徽财政发展研究报告》《安徽投资发展研究报告》《安徽文化产业发展报告》《安徽城市发展研究报告》《安徽乡村振兴战略研究报告》《安徽农村普惠金融发展研究报告》《安徽劳动就业和社会保障发展研究报告》《安徽生态文明建设发展报告》《安徽养老服务发展报告》等。

服务安徽经济社会发展系列研究报告坚持稳定、控制数量，不断提升质量的指导思想，通过进入退出机制、激励机制、分级分类机制、合作机制、运行机制、评价机制和发布机制的改革，政策影响力和媒体影响力日益扩大。2016年，研究院成功入围中国智库索引首批来源智库，并获大学智库指数排名中普通高校第一名。根据《中国智库索引（CTTI）2017年发展报告》，我校进入大学智库指数Top50高校，其中安徽经济社会发展研究院排名第25位，安徽经济预警运行与战略协同创新中心排名第32位。

纵观这十多部研究报告可以看出，报告的组织者与撰写者都付出了辛勤的劳动和不懈的努力。当然，我们也清醒地认识到，报告也还存在这样或那样的缺点，与政府部门领导和社会各界对我们的希望还有相当大的差距，学校应当在智库建设方面做得更多、更好。我们坚信，只要坚持走下去，只要继续得到社会各界的关心和帮助，系列研究报告一定会越做越好！学校的智库建设也将结出更多的硕果！

安徽财经大学校长　丁忠明

2018 年 4 月 20 日

　　2017 年，我国的生态文明制度建设和安徽省的生态文明制度建设都取得了显著的成就，其标志就是出台了一系列生态建设的制度法规。2018 年，我国生态文明制度建设继续迈出坚实步伐。2017 年 10 月 23 日下午，十九大新闻中心举行的记者招待会在介绍生态文明体制改革的进展和成效时提到，党的十八届三中、四中、五中全会提出的 37 项生态文明体制改革任务已完成 24 项，部分完成 9 项，正在推进的有 4 项。一年来，我国在生态文明建设方面出台了一系列新的制度文件。2017 年，也是安徽深入实施生态强省战略，进一步提升生态文明建设水平的一年。为实现到 2020 年"生态文明重大制度基本确立"的目标，先后出台了《安徽省土壤污染防治工作方案》《"十三五"节能减排实施方案》《安徽省划定并严守生态保护红线实施方案》等重要文件，制定《安徽省"十三五"环境保护规划》等重要法规。因此，《安徽生态文明建设发展报告（2018）》专设一章对 2017 年我国和安徽省的生态文明制度建设的情况做一梳理，以映射出生态文明建设的成就。

　　2016 年 1 月 28 日，环境保护部正式印发《国家生态文明建设示范县、市指标（试行）》，从生态空间、生态经济、生态环境、生态生活、生态制度、生态文化六个方面，分别设置 38 项（示范县）和 35 项（示范市）建设指标，作为衡量一个地区是否达到国家生态文明建设示范县、市标准的依据。以此为依据并考虑到指标数据的可获得性，我们从生态资源、生态环境、生态经济及生态生活等四个方面构建生态文明发展水平测度指标体系，评价了 2015 年安徽省各地市生态文明发展状况，并把我省和长江经济带的省（市）做了比较。

绿色发展是生态文明建设的基石，制造业绿色化发展是绿色发展的核心。因此，制造业绿色化发展是生态文明建设的必由之路。2015 年 11 月 18 日，安徽省人民政府印发的《中国制造 2025 安徽篇》将绿色制造工程作为五大重点工程之一。之后，安徽省为推动制造业绿色发展采取了一系列举措，并取得了显著成效。因此，《安徽生态文明建设发展报告（2018）》将编写的重点放在安徽的制造业绿色化发展上，分别从安徽省绿色制造的现状与趋势、安徽省制造业绿色发展水平评价、安徽省制造业绿色发展的方向与路径、安徽省制造业绿色发展典型案例分析等多个维度对安徽省近两年的制造业绿色化发展情况做出分析。

《安徽生态文明建设发展报告（2018）》是由安徽财经大学安徽经济发展研究院组织相关人员合作完成。具体分工如下：安徽财经大学安徽经济社会发展研究院院长张会恒教授、博士负责总体设计和统稿以及前言、第一章、第五章的编写，安徽财经大学统计与应用数学学院孙欣教授、博士负责第二章的编写，安徽省工业和信息化研究院院长叶圣、研究室主任张小路负责第三章的编写，安徽省工业和信息化研究院卢成建、韦玮、王洋负责第六章的编写，安徽财经大学统计与应用数学学院的副教授、博士夏茂森以及硕士研究生武琪琪负责第四章的编写。

报告的编写得到省委宣传部领导、省经济和信息化委员会领导、省工业和信息化研究院领导、省统计局领导以及学校领导的大力鼓励和帮助，得到部分工业园区和企业的大力支持，报告的编写也参阅了相关政府网站公开的文字资料和统计资料、政策文本和政策解读等资料，参阅了相关学术论文，在此一并表示感谢！

张会恒

2018 年 4 月

目录

第一章　2017 年出台的生态文明建设政策法规

党的十八大报告明确提出了"加强生态文明制度建设"的科学命题。建设生态文明，必须建立系统完整的生态文明制度体系。2017年，我国的生态文明制度建设和安徽省的生态文明制度建设都取得了显著的成就，其主要标志就是出台了一系列的生态文明建设的政策法规。本章将对 2017 年我国和安徽省出台的重要的生态文明建设方面的政策法规做一梳理，以映射出生态文明建设的成就。

第一节　2017 年我国出台的生态文明建设政策法规

2017 年，我国生态文明制度建设继续迈出坚实步伐。2017 年 10月 23 日下午，十九大新闻中心举行记者招待会，在介绍生态文明体制改革的进展和成效时提到，党的十八届三中、四中、五中全会提出的37 项生态文明体制改革任务已完成 24 项，部分完成 9 项，正在推进的有 4 项。一年来，我国在生态文明建设方面出台了一系列新的制度文件。

一、《全国国土规划纲要（2016—2030 年）》

2017 年 1 月 3 日，国务院发布关于印发《全国国土规划纲要（2016—2030 年）》（以下简称《纲要》）的通知。《纲要》是我国首个全国性国土开发与保护的战略性、综合性、基础性规划，规划范围涵盖我国全部陆域和海域国土（本次规划暂未含港澳台地区），对涉及国土空间开发、保护、整治的各类活动具有指导和管控作用，对相关国土空间专项规划具有引领和协调作用。

国土是生态文明建设的空间载体和空间规划的物质基础。改革开放以来，我国国土空间开发利用取得了举世瞩目的成就，以相对紧缺的资源赋存支撑了长达30多年的高速增长。当前我国已经进入全面建成小康社会决胜阶段，经济发展进入了新常态，供给侧结构性改革正在加快推进，国土开发和保护面临着许多新情况、新矛盾和新挑战，比如一些地方出现了国土空间开发失衡、环境污染严重、资源约束趋紧、生态系统退化等问题。

党的十八大以来，以习近平同志为核心的党中央高度重视生态文明建设，要求牢固树立和贯彻落实创新、协调、绿色、开放、共享的发展理念，按照人口资源环境相均衡、经济社会生态效益相统一的原则，整体谋划国土空间开发与保护，构建科学的城市化格局、农业发展格局、生态安全格局，形成合理的生产、生活、生态空间，促进人与自然和谐共生。《纲要》主要内容包括四个方面：

第一，明确了国土开发、保护、整治的指导思想、基本原则和主要目标。突出强调要加快转变国土开发利用方式，全面提高国土开发质量和效率，加强国土空间用途管制和建立国土空间开发保护制度，提出要遵循6项基本原则，把握6个方面的主要目标，加快构建安全、和谐、开放、协调、富有竞争力和可持续发展的美丽国土。

第二，确立了国土集聚开发、分类保护与综合整治"三位一体"总体格局。一是以"四大板块"为基础，即东部率先、中部崛起、西部开发、东北振兴。还有"三大战略"为引领，京津冀协同发展、长江经济带和"一带一路"倡议。以国家重点开发区域和优化开发区域为重点，打造若干国土开发重要轴带和重点集聚区，构建"多中心网络型"的集聚开发格局。二是基于资源环境承载力评价结果，针对5大类资源环境保护主题，区分3个不同保护级别，形成覆盖全域"五类三级"的国土保护格局。三是以主要城市化地区、农村地区、重点生态功能区和矿产资源开发集中区及海岸带和海岛地区为重点开展国土综合整治，形成"四区一带"的国土综合整治格局。

第三，完善了以用途管制为主要手段的国土空间开发保护制度。

设置了"生存线""生态线""保障线"和耕地保有量、用水总量、国土开发强度、重点流域水质优良比例等 11 个约束性或预期性指标，推动体制机制创新和配套政策的完善。

第四，围绕美丽国土建设的主要目标，部署了集聚开发、分类保护、综合整治、联动发展和支撑保障体系建设等重点任务。

二、《关于划定并严守生态保护红线的若干意见》

2017 年 2 月 7 日，中共中央办公厅、国务院办公厅印发了《关于划定并严守生态保护红线的若干意见》（以下简称《意见》）。《意见》是党中央、国务院在新时期新形势下作出的一项重大决策，是推进国土空间用途管制、守住国家生态安全底线、建设生态文明的一项基础性制度安排。

改革开放以来，我国经济社会发展取得巨大进步，但生态环境保护总体滞后于经济社会发展，"山水林田湖"被人为地割裂开来，生态空间被大量挤占，生态系统退化，生态产品供给能力下降，生态安全形势严峻，生态问题已经成为经济社会发展的瓶颈制约和突出短板。划定并严守生态保护红线，将生态空间范围内具有特殊重要生态功能的区域加以强制性严格保护，对维护国家生态安全、推动绿色发展具有十分重要的意义。

划定并严守生态保护红线是留住绿水青山的战略举措。我国大江大河的主要源头区、生态安全屏障区、河湖湿地、各类自然保护区、森林公园、风景名胜区等，是支撑国家生态安全格局的重要组成，是最需要保留的绿水青山。把这些区域纳入生态保护红线，实施严格保护，将为实现中华民族永续发展奠定坚实基础，为子孙后代留下金山银山。

划定并严守生态保护红线是提高生态系统服务功能的有效手段。生态保护红线是保障和维护国家生态安全的底线和生命线，具有特殊重要的生态功能。划定并严守生态保护红线，优先保护良好生态系统和重要物种栖息地，分类修复受损生态系统，建立和完善生态廊道，提高生态系统完整性和连通性，对于提高生态系统服务功能和优质生态产品供给能力具有重要作用。

划定并严守生态保护红线是实施国土空间用途管制的重大支撑。国土空间分为城镇空间、农业空间、生态空间，实施差异化的用途管制，严格控制生态空间转为城镇空间和农业空间。生态保护红线是生态空间最重要、最核心的部分，必须按照禁止开发区域的有关要求，实行最为严格的保护和用途管制。划定并严守生态保护红线，是将用途管制扩大到所有自然生态空间的关键环节，有利于健全国土空间用途管制制度，推动形成以空间规划为基础、以用途管制为主要手段的国土空间开发保护制度。

在总体目标上，《意见》指出，2017年底前，京津冀区域、长江经济带沿线各省（直辖市）划定生态保护红线；2018年底前，其他省（自治区、直辖市）划定生态保护红线；2020年底前，全面完成全国生态保护红线划定，勘界定标，基本建立生态保护红线制度，国土生态空间得到优化和有效保护，生态功能保持稳定，国家生态安全格局更加完善。到2030年，生态保护红线布局进一步优化，生态保护红线制度有效实施，生态功能显著提升，国家生态安全得到全面保障。

三、《领导干部自然资源资产离任审计规定（试行）》

2017年6月，中共中央总书记、国家主席、中央军委主席习近平主持中央全面深化改革领导小组会议审议通过了《领导干部自然资源资产离任审计暂行规定》（以下简称《规定》）。之后，中共中央办公厅、国务院办公厅印发了文件，《规定》对领导干部自然资源资产离任审计工作提出具体要求，并发出通知，要求各地区各部门结合实际认真遵照执行。

《规定》明确，开展领导干部自然资源资产离任审计，应当坚持依法审计、问题导向、客观求实、鼓励创新、推动改革的原则，主要审计领导干部贯彻执行中央生态文明建设方针政策和决策部署情况，遵守自然资源资产管理和生态环境保护法律法规情况，自然资源资产管理和生态环境保护重大决策情况，完成自然资源资产管理和生态环境保护目标情况，履行自然资源资产管理和生态环境保护监督责任情况，组织自然资源资产和生态环境保护相关资金征管用和项目建设运行情况，以及履行其他相关责任情况。

《规定》强调，审计机关应当根据被审计领导干部任职期间所在地区或者主管业务领域自然资源资产管理和生态环境保护情况，结合审计结果，对被审计领导干部任职期间自然资源资产管理和生态环境保护情况变化产生的原因进行综合分析，客观评价被审计领导干部履行自然资源资产管理和生态环境保护责任情况。

《规定》要求，被审计领导干部及其所在地区、部门（单位），对审计发现的问题应当及时整改。国务院及地方各级政府负有自然资源资产管理和生态环境保护职责的工作部门应当加强部门联动，尽快建立自然资源资产数据共享平台，并向审计机关开放，为审计提供专业支持和制度保障，支持、配合审计机关开展审计。县以上地方各级党委和政府应当加强对本地区领导干部自然资源资产离任审计工作的领导，及时听取本级审计机关的审计工作情况汇报并接受、配合上级审计机关审计。

四、《关于禁止洋垃圾入境推进固体废物进口管理制度改革实施方案》

2017 年 7 月 18 日，由国务院办公厅发布、自 2017 年 7 月 18 日起实行的《关于禁止洋垃圾入境推进固体废物进口管理制度改革实施方案》（以下简称《实施方案》）是国务院为要求全面禁止洋垃圾入境，完善进口固体废物管理制度，加强固体废物回收利用管理，大力发展循环经济，切实改善环境质量、维护国家生态环境安全和人民群众身体健康而制定的法规。

《实施方案》明确要严格固体废物进口管理。通过持续加强对固体废物进口、运输、利用等各环节的监管，确保生态环境安全；保持打击洋垃圾走私高压态势，彻底堵住洋垃圾入境；强化资源节约集约利用，全面提升国内固体废物无害化、资源化利用水平，逐步补齐国内资源缺口，为建设美丽中国和全面建成小康社会提供有力保障。

《实施方案》提出要完善堵住洋垃圾进口的监管制度。2017 年底前，禁止进口来自生活源的废塑料、未经分拣的废纸以及废纺织原料、钒渣等环境危害大、群众反映强烈的固体废物。2019 年底前，逐步停止进口国内资源可以替代的固体废物。

《实施方案》要求强化洋垃圾非法入境管控。持续严厉打击洋垃圾走私，开展强化监管严厉打击洋垃圾违法专项行动，重点打击走私、非法进口利用废塑料、废纸、生活垃圾、电子废物、废旧服装等固体废物的各类违法行为。加大全过程监管力度，加强对重点风险监管企业的现场检查，严厉查处倒卖、非法加工利用进口固体废物以及其他环境污染违法行为。开展全国典型废塑料、废旧服装和电子废物等堆放处置利用集散地专项整治行动，整治情况列入中央环保督察重点内容。

《实施方案》明确，建立堵住洋垃圾入境长效机制。落实企业主体责任，强化日常执法监管，加大违法犯罪行为查处力度；加强法制宣传培训，进一步提升企业守法意识；建立健全信息共享机制，公示固体废物利用处置违法企业信用信息，开展联合惩戒。加强与世界海关组织、国际刑警组织、联合国环境规划署等机构合作，完善走私洋垃圾退运国际合作机制。推动贸易和加工模式转变，开拓新的再生资源渠道。

《实施方案》强调，提升国内固体废物回收利用水平。加快国内固体废物回收利用体系建设，建立健全生产者责任延伸制，提高国内固体废物的回收利用率。完善再生资源回收利用基础设施，规范国内固体废物加工利用产业发展。加大科技研发力度，提升固体废物资源化利用装备技术水平。积极引导公众参与垃圾分类，倡导绿色消费，抵制过度包装，倡导节约使用纸张、塑料等，努力营造全社会共同支持、积极践行保护环境和节约资源的良好氛围。

五、《关于建立资源环境承载能力监测预警长效机制的若干意见》

2017 年 9 月 20 日，中共中央办公厅、国务院办公厅印发了《关于建立资源环境承载能力监测预警长效机制的若干意见》（以下简称《意见》），标志着我国资源环境承载能力监测预警工作走向规范化、常态化、制度化。

资源环境承载能力监测预警长效机制的建立，是适应我国国情特点、推动绿色发展的必然要求，是化解资源环境瓶颈制约的现实选择，是提高空间开发管控水平的重要途径。长效机制的建立对于坚定不移地实施主体功能区战略和制度、加快推进生态文明建设具有重要意义。

《意见》提出，坚持定期评估与实时监测相结合，坚持设施建设与制度建设相结合，坚持从严管制与有效激励相结合，坚持政府监管与社会监督相结合，建立手段完备、数据共享、实时高效、管控有力、多方协同的资源环境承载能力监测预警长效机制，推动实现资源环境承载能力监测预警规范化、常态化、制度化，引导和约束各地严格按照资源环境承载能力谋划经济社会发展。

根据《意见》，资源环境承载能力分为超载、临界超载、不超载三个等级。根据资源环境耗损加剧与趋缓程度，进一步将超载等级分为红色和橙色两个预警等级；临界超载等级分为黄色和蓝色两个预警等级；不超载等级确定为绿色无警等级。并明确对红色预警区、绿色无警区以及资源环境承载能力预警等级降低或提高的地区，分别实行对应的综合奖惩措施。

对红色预警区，针对超载因素实施最严格的区域限批，依法暂停办理相关行业领域新建、改建、扩建项目审批手续等；对现有严重破坏资源环境承载能力、违法排污破坏生态资源的企业，依法限制生产、停产整顿，并依法依规采取罚款、责令停业、关闭以及将相关责任人移送行政拘留等措施从严惩处，构成犯罪的依法追究刑事责任；对监管不力的政府部门负责人及相关责任人，根据情节轻重实施行政处分直至追究刑事责任；对在生态环境和资源方面造成严重破坏负有责任的干部，不得提拔使用或者转任重要职务，视情况给予诫勉、责令公开道歉、组织处理或者纪政纪处分；限期退出红色预警区。

对绿色无警区，研究建立生态保护补偿机制和发展权补偿制度，鼓励符合主体功能定位的适宜产业发展，加大绿色金融倾斜力度，提高领导干部生态文明建设目标评价考核权重。

意见同时提出针对水资源、土地资源、环境、生态和海域等单项评价要素的具体管控措施。

六、《建立国家公园体制总体方案》

2017 年 9 月 26 日，中共中央办公厅、国务院办公厅印发了《建立国家公园体制总体方案》。这标志着我国国家公园体制的顶层设计初步完成，国家公园建设进入实质性阶段。这是我国自然保护事业的一个新的里程碑，也是中国国家公园发展的极大机遇。

国家公园是指由国家批准设立并主导管理，边界清晰，以保护具有国家代表性的大面积自然生态系统为主要目的，实现自然资源科学保护和合理利用的特定陆地或海洋区域。建立国家公园体制是党的十八届三中全会提出的重点改革任务，是我国生态文明制度建设的重要内容，对于推进自然资源科学保护和合理利用，促进人与自然和谐共生，推进美丽中国建设，具有极其重要的意义。

《建立国家公园体制总体方案》的"一二三四五"。

一个定位。国家公园是我国自然保护地最重要的类型之一，属于全国主体功能区规划中的禁止开发区域，纳入全国生态保护红线区域管控范围，实行最严格的保护。国家公园的首要功能是重要自然生态系统的原真性、完整性保护，同时兼具科研、教育、游憩等综合功能。

两个时间节点。到 2020 年，国家公园体制试点建设基本完成，整合设立一批国家公园，分级统一的管理体制基本建立，国家公园总体布局初步形成；到 2030 年，国家公园体制更加健全，分级统一的管理体制更加完善，保护管理效能明显提高。

三项基本原则。科学定位、整体保护；合理布局、稳步推进；国家主导、共同参与。

四个发展方向。建立国家层面的《国家公园法》；注重社区利益；倡导全社会参与建设管理；整合国家重要生态功能区，试点国家公园。

理顺五大关系。重点理顺中央政府与地方政府、不同部门、跨行政区划的关系，重点在于理顺职能；理顺管理者与经营者之间的关系，重点在于处理好自然资源的保护与利用的关系；重视保护区与原住民的关系。一定要重视原住民的生存与发展问题，妥善解决好国家公园区域内及周边群众的脱贫致富、就业创业、教育医疗、文化活动等民生建设问题；理顺管理机构与旅游者之间的关系。在管理上，要避免随意性、粗放性和盲目性，坚决防止借机大搞旅游、无序开发。要科学划定功能区，最大限度地保持原生态；重视法律关系。要重视国家公园中各个角色之间的法律关系。

七、《关于创新体制机制推进农业绿色发展的意见》

2017年9月30日，中共中央办公厅、国务院办公厅印发了《关于创新体制机制推进农业绿色发展的意见》。推进农业绿色发展，是贯彻新发展理念、推进农业供给侧结构性改革的必然要求，是加快农业现代化、促进农业可持续发展的重大举措，是守住绿水青山、建设美丽中国的时代担当，对保障国家食物安全、资源安全和生态安全，维系当代人福祉和保障子孙后代永续发展具有重大意义。

目标任务。把农业绿色发展摆在生态文明建设全局的突出位置，全面建立以绿色生态为导向的制度体系，基本形成与资源环境承载力相匹配、与生产生活生态相协调的农业发展格局，努力实现耕地数量不减少、耕地质量不降低、地下水不超采，化肥、农药使用量零增长，秸秆、畜禽粪污、农膜全利用，实现农业可持续发展、农民生活更加富裕、乡村更加美丽宜居。（1）资源利用更加节约高效。到2020年，严守18.65亿亩耕地红线，全国耕地质量平均比2015年提高0.5个等级，农田灌溉水有效利用系数提高到0.55以上。到2030年，全国耕地质量水平和农业用水效率进一步提高。（2）产地环境更加清洁。到2020年，主要农作物化肥、农药使用量实现零增长，化肥、农药利用率达到40％；秸秆综合利用率达到85％，养殖废弃物综合利用率达到75％，农膜回收率达到80％。到2030年，化肥、农药利用率进一步提升，农业废弃物全面实现资源化利用。（3）生态系统更加稳定。到2020年，全国森林覆盖率达到23％以上，湿地面积不低于8亿亩，基本农田林网控制率达到95％，草原综合植被盖度达到56％。到2030年，田园、草原、森林、湿地、水域生态系统进一步改善。（4）绿色供给能力明显提升。到2020年，全国粮食（谷物）综合生产能力稳定在 5.5 亿吨以上，农产品质量安全水平和品牌农产品占比明显提升，休闲农业和乡村旅游加快发展。到 2030 年，农产品供给更加优质安全，农业生态服务能力进一步提高。

优化农业主体功能与空间布局。落实农业功能区制度，建立农业生产力布局制度，完善农业资源环境管控制度，建立农业绿色循环低碳生产制度，建立贫困地区农业绿色开发机制。

强化资源保护与节约利用。建立耕地轮作休耕制度，建立节约高效的农业用水制度，健全农业生物资源保护与利用体系。

加强产地环境保护与治理。建立工业和城镇污染向农业转移防控机制，健全农业投入品减量使用制度，完善秸秆和畜禽粪污等资源化利用制度，完善废旧地膜和包装废弃物等回收处理制度。

养护修复农业生态系统。构建田园生态系统，创新草原保护制度，健全水生生态保护修复制度，实行林业和湿地养护制度。

健全创新驱动与约束激励机制。构建支撑农业绿色发展的科技创新体系，完善农业生态补贴制度，建立绿色农业标准体系，完善绿色农业法律法规体系，建立农业资源环境生态监测预警体系，健全农业人才培养机制。

八、《国家生态文明试验区（江西）实施方案》和《国家生态文明试验区（贵州）实施方案》

为贯彻落实党中央、国务院关于生态文明建设和生态文明体制改革的总体部署，依托江西省和贵州省生态优势和生态文明先行示范区良好工作基础，建设国家生态文明试验区，2017 年 10 月 2 日，中共中央办公厅、国务院办公厅印发了《国家生态文明试验区（江西）实施方案》（以下简称《江西方案》）和《国家生态文明试验区（贵州）实施方案》（以下简称《贵州方案》）。

《江西方案》在战略地位上提出，要努力打造美丽中国"江西样板"，建成山水林田湖草综合治理样板区、中部地区绿色崛起先行区、生态环境保护管理制度创新区、生态扶贫共享发展示范区。方案全文紧扣制度创新，针对山水林田湖的系统保护、环境监管与保护、绿色产业发展、市场体系建设、生态文明共建共享和责任追究等重点领域，提出了系统性的制度试验安排，具有很强的科学性、指导性和可操作性。

《江西方案》指出，要通过改革创新和制度探索，到 2018 年，在流域生态保护补偿、河湖保护与生态修复、绿色产业发展、生态扶贫、自然资源资产产权等重点领域形成一批可复制可推广的改革成果；到 2020 年，建成具有江西特色、系统完整的生态文明制度体系，为全国生态文明体制改革创造一批典型经验和成熟模式，在推进生态文明领域治理体系和治理能力现代化方面走在全国前列。

《贵州方案》在战略定位上提出，全力打造五个示范区。即：长江珠江上游绿色屏障建设示范区、西部绿色发展示范区、生态脱贫攻坚示范区、生态文明法治建设示范区、生态文明国际交流合作示范区。总体目标是建设"多彩贵州公园省"。同时，为更好地建设国家生态文明试验区，《贵州方案》提出了八个方面 32 项改革任务，包括绿色发展、生态脱贫、生态文明大数据建设、生态旅游发展、生态文明对外交流合作等制度改革，目的是提供更多有效的生态文明制度供给，让绿色理念融入发展各方面和全过程。

《贵州方案》明确了清晰的改革路线图，明确了具体的时间表和任务书。提出：到 2018 年，改革中的部分重点领域寻求先行突破，形成一批可复制可推广的制度成果，努力构建以点带面推动改革的良好局面；2020 年前分阶段、分层次、系统性地全面建立产权清晰、多元参与、激励约束并重、系统完整的生态文明制度体系，努力在推进生态文明领域治理体系和治理能力现代化方面走在全国前列。

九、《关于在湖泊实施湖长制的指导意见》

2017 年 11 月 20 日，习近平总书记主持召开十九届中央全面深化改革领导小组第一次会议，审议通过《关于在湖泊实施湖长制的指导意见》（以下简称《指导意见》），并于 2018 年 1 月 4 日，由中共中央办公厅、国务院办公厅印发。在湖泊实施湖长制是贯彻党的十九大精神、加强生态文明建设的具体举措，是关于全面推行河长制的意见提出的明确要求，是加强湖泊管理保护、改善湖泊生态环境、维护湖泊健康生命、实现湖泊功能永续利用的重要制度保障。

《指导意见》包括在湖泊实施湖长制的重要意义、湖长体系、湖长职责、主要任务和保障措施 5 个部分。主要内容如下：

关于湖长的设立。全面建立省、市、县、乡四级湖长体系。各省（自治区、直辖市）行政区域内主要湖泊，跨省级行政区域且在本辖区地位和作用重要的湖泊，由省级负责同志担任湖长；跨市地级行政区域的湖泊，原则上由省级负责同志担任湖长；跨县级行政区域的湖泊，原则上由市地级负责同志担任湖长。同时，湖泊所在的市、县、乡要按照行政区域分级分区设立湖长，实行网格化管理。

关于湖长的职责。湖泊最高层级的湖长是第一责任人，对湖泊的管理保护负总责，要统筹协调湖泊与入湖河流的管理保护工作，确定湖泊管理保护目标任务，组织制定"一湖一策"方案，明确各级湖长职责，协调解决湖泊管理保护中的重大问题，依法组织整治围垦湖泊、侵占水域、超标排污、违法养殖、非法采砂等突出问题。其他各级湖长对湖泊在本辖区内的管理保护负直接责任，按职责分工组织实施湖泊管理保护工作。

关于湖长制的主要任务。一是严格湖泊水域空间管控，严格控制开发利用行为；二是加强湖泊岸线管理保护，实行分区管理，强化岸线用途管制；三是加强湖泊水资源保护和水污染防治，落实最严格水资源管理制度和排污许可证制度，严格控制入湖污染物总量；四是加大湖泊水环境综合整治力度；五是开展湖泊生态治理与修复；六是健全湖泊执法监管机制。

关于湖长制的监督考核。县级及以上湖长负责组织对相应湖泊下一级湖长进行考核，考核结果作为地方党政领导干部综合考核评价的重要依据。实行湖泊生态环境损害责任终身追究制。

十、《生态环境损害赔偿制度改革方案》

2017 年 12 月 17 日，中共中央办公厅、国务院办公厅印发了《生态环境损害赔偿制度改革方案》。方案提出，从 2018 年 1 月 1 日起，在全国试行生态环境损害赔偿制度。这一方案的出台，标志着生态环境损害赔偿制度改革已从先行试点进入全国试行的阶段。通过全国试行，不断提高生态环境损害赔偿和修复的效率，将有效破解"企业污染、群众受害、政府买单"的困局，积极促进生态环境损害鉴定评估、生态环境修复等相关产业发展，有力保护生态环境和人民环境权益。

生态环境损害赔偿制度是生态文明制度体系的重要组成部分。党中央、国务院高度重视生态环境损害赔偿工作，党的十八届三中全会明确提出对造成生态环境损害的责任者严格实行赔偿制度。2015年，中央办公厅、国务院办公厅印发《生态环境损害赔偿制度改革试点方案》（中办发〔2015〕57号），在吉林等7个省市部署开展改革试点，取得明显成效。为进一步在全国范围内加快构建生态环境损害赔偿制度，在总结各地区改革试点实践经验基础上，制定本方案。

方案提出，通过在全国范围内试行生态环境损害赔偿制度，进一步明确生态环境损害赔偿范围、责任主体、索赔主体、损害赔偿解决途径等，形成相应的鉴定评估管理和技术体系、资金保障和运行机制，逐步建立生态环境损害的修复和赔偿制度，加快推进生态文明建设。

方案要求，到2020年，力争在全国范围内初步构建责任明确、途径畅通、技术规范、保障有力、赔偿到位、修复有效的生态环境损害赔偿制度。

2015年，中共中央办公厅、国务院办公厅印发了《生态环境损害赔偿制度改革试点方案》。在吉林、山东、江苏、湖南、重庆、贵州、云南7个省（市）开展生态环境损害赔偿制度改革试点工作。在试点方案基本框架的基础上，此次印发的方案对部分内容进行了补充完善：一是将赔偿权利人范围从省级政府扩大到市地级政府，提高赔偿工作的效率；二是要求地方细化启动生态环境损害赔偿的具体情形，明确启动赔偿工作的标准；三是健全磋商机制，规定了"磋商前置"程序，并明确对经磋商达成的赔偿协议，可以依照民事诉讼法向人民法院申请司法确认，赋予赔偿协议强制执行效力。

第二节　2017年我省出台的生态文明建设政策法规

2017 年，是安徽深入实施生态强省战略，进一步提升生态文明建设水平的一年。为实现到 2020 年"生态文明重大制度基本确立"的目标，先后出台了《安徽省土壤污染防治工作方案》《"十三五"节能减排实施方案》《安徽省划定并严守生态保护红线实施方案》等重要文件，制定《安徽省"十三五"环境保护规划》等重要法规。

一、《安徽省土壤污染防治工作方案》

为贯彻落实《国务院关于印发土壤污染防治行动计划的通知》（国发〔2016〕31 号）精神，坚持绿色发展理念，切实加强土壤污染防治工作，努力改善土壤环境质量，保障农产品质量和人居环境安全，结合我省实际，2017 年 1 月 11 日，安徽省人民政府公布了《安徽省土壤污染防治工作方案》。

方案明确我省土壤污染防治工作的目标是：到 2020 年，全省土壤污染加重趋势得到初步遏制，土壤环境质量总体保持稳定，农用地和建设用地土壤环境安全得到基本保障，土壤环境风险得到基本管控。到 2030 年，全省土壤环境质量稳中向好，农用地和建设用地土壤环境安全得到有效保障，土壤环境风险得到全面管控。到 21 世纪中叶，土壤环境质量全面改善，生态系统实现良性循环。主要指标是：到 2020 年，受污染耕地安全利用率达到 94％左右，污染地块安全利用率达到 90％以上。到 2030 年，受污染耕地安全利用率达到 95％以上，污染地块安全利用率达到 95％以上。

主要任务涉及六个方面，分别是全面掌握土壤环境质量状况、强化农用地分类管理、强化建设用地风险管理、强化未污染土壤保护、加强污染源监管、开展污染治理与修复。方案提出具体要求，如 2017 年启动全省土壤污染状况详查，2018 年底前，查明农用地土壤污染的面积、分布及其对农产品质量的影响；划定农用地土壤环境质量类别，按污染程度将农用地划为三个类别，未污染和轻微污染的划为优先保护类，轻度和中度污染的划为安全利用类，重度污染的划为严格管控类；严防矿产资源开发污染土壤，全面整治历史遗留尾矿库；到 2020 年，省辖市、县城和建制镇的生活垃圾无害化处理率分别达到 100%、90%以上和 70%以上。

为加强部门协调联动，省土壤污染防治工作领导小组统筹推进防治工作。省政府与各市政府签订目标责任书，评估和考核结果作为对领导班子和领导干部综合考核评价、自然资源资产离任审计的重要依据，作为防治专项资金分配的重要参考依据。实行生态环境损害责任终身追究制，对相关责任人，不论是否已调离、提拔或者退休，都严格追责。方案还提出系列创新措施，如通过政策推动，加快完善覆盖土壤环境调查、分析测试、风险评估、治理修复等环节的成熟产业链；探索建立跨行政区域土壤污染防治联动协作机制；鼓励依法对污染土壤等环境违法行为提起公益诉讼等。

二、《安徽省全面推行河长制工作方案》

党的十八大以来，以习近平同志为核心的党中央高度重视河湖管理保护工作。习近平总书记多次就河湖管理保护发表重要论述，指出河川之危、水源之危是生存环境之危、民族存续之危，强调保护江河湖泊，事关人民群众福祉，事关中华民族长远发展。2016 年 11 月 28 日，中共中央办公厅、国务院办公厅印发《关于全面推行河长制的意见》（以下简称《意见》），《意见》出台后，省委、省政府高度重视，2017 年 3 月 6 日省委办公厅、省政府办公厅以《关于印发〈安徽省全面推行河长制工作方案〉的通知》（厅〔2017〕15 号）印发执行。

全面推行河长制的重大意义。全面推行河长制是落实绿色发展理念、推进生态强省建设的内在要求；全面推行河长制是解决我省复杂水问题、维护河湖健康生命的有效举措；全面推行河长制是完善全省水治理体系、保障水安全的制度创新。

《安徽省全面推行河长制工作方案》（以下简称《工作方案》）的主要内容。

《工作方案》所遵循的基本原则是"四个坚持"：坚持生态优先、绿色发展；坚持党政领导、部门联动；坚持问题导向、因地制宜；坚持强化监督、严格考核。

河长制的组织形式和职责。分级设立河长；分级建立河长会议制度；分级设立河长制办公室。总河长、副总河长负责领导、组织本行政区域河湖管理保护工作，承担推行河长制的总督导、总调度职责。河长负责组织领导相应河湖的水资源保护、水域岸线管理、水污染防治、水环境治理、水生态修复、执法监管等工作，协调解决河湖管理保护重大问题；牵头组织对河湖管理范围内突出问题进行依法整治；对跨行政区域的河湖明晰管理责任，协调上下游、左右岸实行联防联控；检查、监督下一级河长和相关部门履行职责情况，对目标任务完成情况进行考核，强化激励问责。

全面推行河长制的目标和主要任务。到2020年，水资源得到有效保护，取排水管理更加规范严格，河湖管理范围明确，水域岸线利用合理，水环境质量不断改善，水生态持续向好，水事违法现象得到有效遏制，保持现状河湖水域不萎缩、功能不衰减、生态不退化；全省用水总量控制在270.84亿立方米以内，万元GDP、万元工业增加值用水量分别比2015年下降28%、21%；全省水功能区水质达标率80%以上，长江流域水质优良断面比例达83.3%，淮河流域达57.5%，新安江流域水质保持优良，巢湖全湖维持轻度富营养状态并有所好转，确保城市建成区黑臭水体总体得到消除。到2030年，全省河湖管理保护法规制度体系、规划体系健全完善，河湖管理范围内水事活动依法有序，水资源、水环境质量显著提升，全省水功能区水质达标率95%以上，水生态得到有效恢复，逐步实现"河畅、水清、岸绿、景美"的河湖管理保护目标。

《工作方案》明确，我省实行河长制的主要任务包括六个方面：一是加强水资源保护，落实最严格水资源管理制度，实行水资源消耗总量和强度双控行动；二是加强河湖水域岸线管理保护，划定河湖管理范围，严格水生态空间管控，严禁侵占河道、围垦湖泊等违法违规行为；三是加强水污染防治，统筹水上、岸上污染治理，完善入河湖排污管控机制；四是加强水环境治理，保障饮用水水源安全，加大黑臭水体治理力度；五是加强水生态修复，强化山水林田湖系统治理，维护河湖生态环境；六是加强执法监管，严厉打击涉河湖违法行为。

全面推行河长制的重点工作。强化红线约束，加强水资源保护；落实空间管控，加强河湖水域岸线管理保护；实行联防联控，加强水污染防治；统筹城乡水域，加强水环境治理；注重系统治理，加强水生态修复。

三、《安徽省"十三五"控制温室气体排放工作方案》

2017年4月18日，安徽省人民政府办公厅正式印发《安徽省"十三五"控制温室气体排放工作方案》，加快推进我省绿色低碳发展，确保完成国家下达我省的"十三五"碳排放强度下降约束性指标。

方案提出主要目标：到2020年，全省单位国内生产总值二氧化碳排放比2015年下降18%，碳排放总量得到有效控制。氢氟碳化物、甲烷、氧化亚氮、全氟化碳、六氟化硫等非二氧化碳温室气体控排力度进一步加大。碳汇能力显著增强。支持国家低碳城市试点碳排放率先达到峰值。产业结构和能源结构进一步优化，低碳产业不断壮大，非化石能源占能源消费比重逐年提升。按照国家部署启动运行碳排放权交易市场，应对气候变化统计核算和评价考核制度基本形成，低碳试点示范不断深化，公众低碳意识明显提升。

为实现主要目标，方案提出八大重点任务。优化能源消费结构，加强能源指标控制，大力推进能源节约，加快发展非化石能源，优化利用化石能源。打造低碳产业体系，加快产业结构调整，控制工业领域排放，大力发展低碳农业，增加生态系统碳汇。推动城镇化低碳发展，加强城乡低碳化建设和管理，加快低碳交通体系建设，推进废弃物资源化利用和低碳化处置，倡导低碳生活方式。加快区域低碳发展，实施分类指导的碳排放强度控制，深化低碳发展试点示范，支持贫困地区低碳发展。积极参与全国碳排放权交易，建立健全温室气体排放报告制度，加强碳排放权交易制度建设，强化碳排放权交易能力建设。加强低碳科技创新，加强气候变化基础研究，加大低碳技术研发推广力度。强化基础能力支撑，加强温室气体排放统计与核算，完善低碳发展政策体系，加强人才队伍建设。积极推动国际国内合作，加强气候变化领域国际对话交流，积极开展与国际组织的务实合作。

四、《安徽省"十三五"环境保护规划》

"十三五"时期是我省全面建成小康社会的决胜阶段，也是提高环境质量、践行绿色发展的重要时期，为推进环境保护事业科学发展，根据《安徽省国民经济和社会发展第十三个五年规划纲要》和省第十次党代会提出的建设五大发展美好安徽战略，2017 年 4 月 7 日，安徽省人民政府办公厅印发关于《安徽省"十三五"环境保护规划》（以下简称《规划》）的通知。

《规划》提到，以重点行业为抓手，统筹推进大气污染防治。大力开展产业结构和能源结构调整，积极推进重点行业清洁生产，从源头上减少污染物排放。抓好钢铁、石化、化工、有色金属冶炼、水泥、火电、平板玻璃等重点行业脱硫脱硝、除尘设施的运行监管。开展挥发性有机物污染源清单编制和减排核查评估，在石化、有机化工、表面涂装、包装印刷等重点行业推进挥发性有机物排放总量控制，"十三五"期间全省排放总量下降 10% 以上。推进燃煤电厂超低排放改造，严格控制商品煤硫分和灰分。落实环保电价，加强发电机组绿色调度。推广重点行业多污染物协同控制技术。

我省对大气环境做出了约束性的要求，未达标设区市城市细颗粒物年均浓度到 2020 年为 48 微克/立方米，像合肥这样设区市城市空气质量优良天数比例到 2020 年要达到 82.9%。我省将严格控制煤炭消费总量，到 2020 年，全省煤炭消费总量控制在 1.8 亿吨。逐年降低煤炭在一次能源中占比。同时建设节水型社会，到 2020 年，全省用水总量控制在 270.84 亿立方米以内。

根据《规划》，2017 年底前，全省淘汰所有黄标车，加强机动车环保监管能力建设。加快新能源汽车产业发展和推广应用。

长三角区域大气污染联防联治更为密切，我省将健全大气污染监测预报预警体系，及时发布环境空气质量预报，有效应对重污染天气。

到 2020 年，实现全省设区市城市二氧化硫、一氧化碳浓度全部达标、细颗粒物、可吸入颗粒物浓度明显下降，二氧化氮和臭氧污染稳中趋好。

天然气管网将实现"县县通"，中心城市、重点工业园区实现双气源供气。在风力资源条件较好的江淮分水岭、沿江环湖和皖北低山区域加快建设集中式风电项目。

《规划》提出，我省将大力实施淮河、巢湖及长江流域"十三五"水污染防治规划，严格考核问责。巢湖流域重污染河流将实现"一河一策"治理策略，全面截流生活污水，建设重污染入湖河流河口湿地，保障入湖水质。到 2020 年，巢湖富营养化水平有所好转，巢湖入湖河流水质明显改善，流域内总磷总氮污染物排放量下降 10% 以上。实施引江济淮工程治污规划，保障输水干线调水水质。不仅仅是巢湖截流生活污水，我省将在城市全面加强污水收集管网建设，老城区则要推进现有合流管网系统改造，难以进行改造的，将采取截流和治理等措施。新建城区将严格实行雨污分流，并因地制宜推进初期雨水收集与处理。

到 2020 年，全省设区市城市区域和县城建成区生活污水集中处理率达到 95% 以上，建制镇生活污水集中处理率达到 45% 以上，农村生活污水处理率达到 35%。

五、《安徽省人民政府关于印发"十三五"节能减排实施方案的通知》

为确保实现我省"十三五"规划《纲要》提出的节能减排约束性指标，2017 年 7 月 14 日，安徽省政府印发了《"十三五"节能减排实施方案》（以下简称《实施方案》），对"十三五"全省节能减排工作进行了全面部署，明确"十三五"节能减排工作的主要目标和重点任务，将全省节能减排指标分解到各市、各有关部门，提出"十三五"时期节能减排工作的具体措施。

《实施方案》的总体要求和目标。（1）总体要求。确保全面完成"十三五"节能减排约束性目标，努力构建资源节约型和环境友好型社会，为决战决胜全面小康、建设五大发展美好安徽、打造生态文明建设安徽样板提供强大支撑。（2）主要目标。到 2020 年，全省单位生产总值能耗比 2015 年下降 16%，能源消费总量控制在 14202 万吨标准煤以内。全省化学需氧量、氨氮、二氧化硫、氮氧化物排放总量分别控制在 78.5 万吨、8.3 万吨、40.3 万吨、60.6 万吨以内，比 2015 年分别下降 9.9%、14.3%、16%、16%。全省挥发性有机物排放总量在 2015 年基础上下降 10% 以上。

《实施方案》提出的主要任务。一是强化节能减排目标责任，包括压实节能减排目标责任、加强目标责任评价考核、强化节能减排考核结果运用三部分内容。二是优化产业和能源结构，包括促进传统产业改造升级、加快培育发展新兴产业、大力优化能源消费结构三部分内容。三是抓实抓好重点领域节能，包括加强工业、建筑、交通运输、商贸流通、农业农村、公共机构等领域节能、强化重点用能单位、重点用能设备节能管理等八部分内容。四是强化主要污染物减排，包括控制重点区域流域排放、推进工业污染物减排、促进移动源污染物减排、强化生活源污染综合整治、重视农业污染排放治理等五部分内容。五是大力发展循环经济，包括全面推动园区循环化改造、加强城市废弃物规范有序处理、促进资源循环利用产业提质升级、统筹推进大宗固体废弃物综合利用、加快互联网与资源循环利用融合发展等五部分内容。六是实施节能减排工程，包括重点行业领域节能提效、节能技术装备产业化应用、主要大气污染物重点减排、主要水污染物重点减排、循环经济、秸秆利用产业化等六大工程。七是加强节能减排支持政策引导，包括财政激励、价格收费、税收优惠、绿色信贷等四大政策支持。八是发挥节能减排市场调节作用，包括建立节能环保市场交易机制、大力推行合同能源管理模式、推行节能环保绿色标识体系、推进环境污染第三方治理、加强电力需求侧管理等五部分内容。九是完善节能减排技术服务和基础能力建设，包括加快节能减排技术研发示范推广、推进节能减排技术系统集成应用、完善节能减排创新平台和服务体系等三部分内容。十是强化节能减排监督检查，包括健全节能环保法规规章和制度标准、健全节能减排统计监测和预警体系、严格节能减排监督检查、提高节能减排管理服务水平等四部分内容。十一是动员全社会参与节能减排，包括推行绿色消费、倡导全民参与、强化社会监督等三部分内容。

六、《安徽省人民政府办公厅关于进一步加强生活垃圾分类工作的通知》

2017年7月21日，安徽省人民政府办公厅印发了《关于进一步加强生活垃圾分类工作的通知》（以下简称《通知》）。主要目标是：到2020年，居民主动分类的意识明显提高，垃圾分类制度覆盖范围有效扩大，实施生活垃圾强制分类的城市生活垃圾回收利用率达到35％以上。

"十二五"以来，全省各地以生活垃圾末端处理为中心，加快建设垃圾收集处理设施，基本实现了市县生活垃圾处理设施全覆盖。但随着新型城镇化快速发展，面对持续、大量产生的城市生活垃圾，被动粗放的末端处理方式难治根本，一些地方设施超负荷运行、后续处理能力不足等问题逐渐显现。要从根本上解决城市生活垃圾处理问题，必须在无害化的基础上推进减量化和资源化处理利用，系统推行生活垃圾分类制度。各地要按照城乡统筹、源头减量、分类处置、综合治理的思路，推动城镇生活垃圾有效分类投放、分类收集、分类运输、分类处理，实现生活垃圾减量化、资源化、无害化，不断改善城镇人居环境，努力建成绿色江淮美好家园。

《通知》确定三项主要任务。一是认真抓好示范。切实做好合肥市、铜陵市全国生活垃圾强制分类试点城市建设工作，选择淮北市、滁州市、宣城市、池州市作为省级生活垃圾强制分类试点城市实施强制分类，各地新城新区率先实施生活垃圾强制分类，党政机关、事业单位、社团组织、公共场所管理单位以及相关企业先行实施生活垃圾强制分类。2017年底前，在肥省直机关、中央驻皖单位率先实现生活垃圾强制分类；2020年底前，实施生活垃圾强制分类的城市城区范围内公共机构实现生活垃圾强制分类；其他公共机构要因地制宜做好生活垃圾分类工作。二是多元协同推进。吸引社会力量参与垃圾分类收运、处置和运营服务，建立与生活垃圾分类、回收利用、无害化处理等相衔接的收运体系，打造生活垃圾回收网络与再生资源回收网络通道，加大生活垃圾分类工作的宣传，引导居民实施分类投放。三是强化设施建设。加强与生活垃圾分类相衔接的投放、运输、资源化利用和终端处置等环节的配套体系建设。统一配置设计美观、标识易懂、规格适宜的居民生活垃圾分类收集容器；统筹布局生活垃圾转运站并实施升级改造；健全再生资源回收利用网络；加强运输车辆规范化改造；加大推进居民生活垃圾、餐厨废弃物、建筑垃圾、园林绿化等有机易腐垃圾等终端处理处置设施建设；加快危险废物处理设施建设，倡导建立城市固废处置环保产业园。

七、《安徽省划定并严守生态保护红线实施方案》

为贯彻落实《中共中央办公厅、国务院办公厅印发〈关于划定并严守生态保护红线的若干意见〉的通知》（厅字〔2017〕2号）精神，推动绿色发展，打造生态文明建设安徽样板，建设绿色江淮美好家园，依据《生态保护红线划定指南》（环办生态〔2017〕48号），结合我省实际，2017年9月18日，安徽省人民政府办公厅发布《安徽省划定并严守生态保护红线实施方案》（以下简称《实施方案》）。

《实施方案》分为总体要求、划定工作流程、划定任务分工、划定工作进度安排、严守生态保护红线和强化组织保障等六个部分。

关于总体要求。2020年底前，建立全省生态保护红线制度，全省国土生态空间得到优化和有效保护，生态功能保持稳定，全省生态安全格局更加完善。

关于划定工作流程。包括七个步骤：开展科学评估，校验划定范围，确定红线边界，形成划定方案，方案技术审核，方案批准和发布，开展勘界定标。

关于严守生态保护红线，包括八个方面的措施：一是明确属地管理责任。各级党委和政府是严守生态保护红线的责任主体。各有关单位要按照责任分工，加强监督管理，做好日常巡护和执法监督，共守生态保护红线。二是确立生态保护红线优先地位。相关规划要符合生态保护红线空间管控要求，不符合的要及时进行调整。三是实行严格管控。全省生态保护红线原则上按禁止开发区域要求进行管理，严禁不符合主体功能定位的各类开发活动，严禁任意改变用途。红线划定后，只能增加、不能减少。四是加强生态保护与修复。各地、各有关单位要将实施生态保护红线保护与修复，作为全省山水林田湖生态保护和修复工程的重要内容。五是开展网络监测监管。依托国家生态保护红线监管平台，加强生态保护红线网络监测监管能力建设。六是强化执法监督。建立生态保护红线常态化执法机制，定期开展执法监督。七是建立考核机制。按照国家统一部署，省环保厅、省发改委会同其他有关部门，对各市党委和政府开展生态保护红线保护成效考核。八是严格责任追究。按照有关法律法规和《党政领导干部生态环境损害责任追究办法（试行）》《安徽省党政领导干部生态环境损害责任追究实施细则（试行）》等实行责任追究。

八、《中共安徽省委、安徽省人民政府关于建立林长制的意见》

2017年9月18日，《中共安徽省委、安徽省人民政府关于建立林长制的意见》（以下简称《意见》）印发。

党的十八大以来，安徽省委、省政府认真贯彻落实中央加强生态文明建设的决策部署，以千万亩森林增长工程建设为抓手，全面推进林业改革与发展，取得了明显成效。自2017年起，为巩固提升造林成果，又启动实施了林业增绿增效行动。通过千万亩森林增长工程和林业增绿增效行动的实施，生态优先、绿色发展、绿水青山就是金山银山的理念已深入人心，全社会护林兴林的意识显著增强。但总体上看，我省森林资源总量不足、结构不优、效益不高的状况仍未根本改变，与建设绿色江淮美好家园的要求相比、与人民群众对良好生态的期待相比，还有一定差距，迫切需要以制度创新推进森林资源保护与发展，补齐生态短板，筑牢绿色屏障。为此，省委、省政府决定在全省建立林长制。

《意见》主要内容。

林长制目标要求。到2021年，全面完成林业增绿增效行动计划，基本形成布局合理、结构优化、功能完善的林业生态体系。到2030

年，全省森林资源保护管理法规制度进一步健全完善，林业治理能力和治理水平显著提高，生态产品和林产品供给能力全面增强，更好实现绿水青山与金山银山有机统一，为子孙后代留下天更蓝、山更绿、水更清的优美环境。

林长制组织体系。建立省、市、县、乡、村五级林长制体系。省、市、县（市、区）设立总林长，由党委、政府主要负责同志担任；设立副总林长，由党委、政府分管负责同志担任。市、县（市、区）根据实际需要，分区域设立林长，由同级负责同志担任。乡镇（街道）设立林长和副林长，分别由党委、政府主要负责同志和分管负责同志担任。村（社区）设立林长和副林长，分别由村（社区）党组织书记和村（居）委会主任担任。县级以上建立相应的林长会议制度和林长制办公室。

林长制主要任务。根据我省森林资源特点，按照问题导向，提出五项主要任务：一是加强林业生态保护修复，实行严格的森林资源保护管理制度，严守生态保护红线；二是推进城乡造林绿化，到 2021 年全省森林覆盖率达到 31% 以上；三是提升森林质量效益，不断增强森林生态服务、林产品供给和碳汇能力，助力脱贫攻坚，促进农民致富；四是预防治理森林灾害，重点抓好森林防火和林业有害生物防治；五是强化执法监督管理，严厉打击破坏林业生态资源违法犯罪行为。

九、《安徽省湿地保护修复制度实施方案》

安徽现有湿地总面积约 104.18 万公顷，占全省面积的 7.47%，其中自然湿地面积 71.36 万公顷，人工湿地面积 32.82 万公顷，为全国湿地资源较丰富的省份之一。全省有省重要湿地 52 处（包括国际重要湿地 1 处、国家重要湿地 5 处），已建湿地类型自然保护区 23 处、湿地公园 50 个，总面积达 48.1 万公顷，占全省面积的 3.4%，自然湿地保护率达 45.1%。安徽湿地对维护长江经济带可持续发展和淮河流域生态安全起着重要的支撑作用，在"五大发展"美丽安徽建设中发挥着极其独特的重要作用。但是，我省湿地保护修复形势仍十分严峻。一是湿地功能退化依然存在；二是湿地蚕食现象时有发生；三是湿地保护修复体制机制尚不健全；四是湿地保护修复基础仍较薄弱。为加快建立我省湿地保护修复制度，增强湿地保护修复的系统性、整体性、协同性，根据《国务院办公厅关于印发〈湿地保护修复制度方案〉的通知》（国办发〔2016〕89 号）和《安徽省湿地保护条例》，2017 年 9 月 28 日，省政府办公厅印发了《安徽省湿地保护修复制度实施方案》（以下简称《实施方案》），该《实施方案》为我省湿地保护修复制度建设提供了有力保障。

目标任务。全面保护现有湿地，确保全省湿地总面积不低于 104.18 万公顷。力争到 2020 年，全省新增湿地面积 1.15 万公顷，湿地自然保护区达到 25 处，省级以上湿地公园达 70 处；湿地保护率提高到 50％以上；重要江河湖泊水功能区水质达标率提高到 80％以上，自然岸线保有率不低于 35％；系统推进湿地修复，严格湿地用途监管，增强湿地生态功能，维护湿地生物多样性。

主要内容。（1）总体要求。提出到 2020 年全省新增湿地面积、湿地保护率、水质达标率、自然岸线保有率、湿地自然保护区与湿地公园建设等总体目标，确保湿地面积不减少、功能不退化、性质不改变。（2）建立湿地分级管理体系。将全省湿地分为重要湿地和一般湿地，并探索开展湿地管理事权划分改革；建立湿地保护工作协调机制，统筹协调解决湿地保护重大问题，落实湿地保护的目标和任务；采取多种形式加强湿地保护管理，通过设立湿地类型自然保护区、湿地公园、种质资源保护区等形式加强对重要湿地的保护。（3）实行湿地保护目标责任制。要求各市、县（市、区）制订与实施区域湿地保护规划，落实湿地面积总量管控，将 104.18 万公顷的湿地管控目标层层分解到各市县（市、区）；提升湿地生态功能；建立湿地保护成效奖惩机制。（4）健全湿地用途监管机制。依据湿地的生态区位、生物多样性保护、饮用水源、防洪抗旱、养殖航运、生态旅游等特征，确定重要湿地的主体功能定位；提出湿地利用的多种禁止行为；完善湿地资源用途管理制度，科学确定湿地资源利用的方式、强度和时限；严肃惩处破坏湿地行为。（5）健全退化湿地修复制度。根据"谁破坏，谁修复"的原则，由责任主体承担修复责任；坚持以自然恢复为主、与人工修复相结合，重建或者修复已退化的湿地生态系统，恢复湿地生态功能，积极扩大湿地面积；强化湿地修复成效监督。（6）健全湿地监测评价体系。明确监测评价主体，制定省级重要湿地和一般湿地的监测评价技术规程、评价标准，统筹规划省级重要湿地监测站点设置，建立省级重要湿地监测评价网络，形成布局合理、功能完善的湿地监测网络，健全湿地监测数据共享制度，规范监测信息发布和应用。（7）完善湿地保护修复政策保障机制。强调要进一步加强组织领导，健全湿地保护修复资金投入机制，完善湿地保护修复科技支撑体系和湿地保护宣传教育体系。

十、《安徽省畜禽养殖废弃物资源化利用工作方案》

2017 年 11 月 16 日，安徽省人民政府办公厅印发《安徽省畜禽养殖废弃物资源化利用工作方案》（皖政办〔2017〕83 号）（以下简称《工作方案》）。

5 月 31 日，国务院办公厅印发了《关于加快推进畜禽养殖废弃物资源化利用的意见》（国办发〔2017〕48 号）（以下简称《国办意见》），是我国畜牧业发展史上第一个专门针对畜禽养殖废弃物处理和利用出台的指导性文件，为贯彻落实《国办意见》，促进畜禽养殖废弃物资源化利用制度、机制、模式和市场不断成熟，加快我省现代畜牧业绿色发展，为建设"五大发展"美好安徽提供有力支撑具有重要意义。为贯彻落实《国办意见》精神，省政府办公厅出台了《安徽省畜禽养殖废弃物资源化利用工作方案》。

《工作方案》共四个部分。

第一部分总体要求。到 2020 年，实现畜禽养殖废弃物资源化利用成为畜禽养殖环节中常态化的生产方式，巩固治污模式成果，构建种养循环发展长效机制；全省畜禽粪污综合利用率达到 80% 以上，畜禽规模养殖场（小区）粪污处理设施装备配套率达到 95% 以上，大型畜禽规模养殖场（小区）粪污处理设施装备配套率达到 100%；畜牧大县、国家现代农业示范区、农业可持续发展试验示范区和现代农业产业园以及部省级畜禽规模标准化示范企业率先实现上述目标。

第二部分主要途径。一是优化调整产业布局。二是加快畜牧业转型升级。三是推广畜禽养殖废弃物资源化利用模式。四是推进畜禽养殖废弃物资源化利用产业化发展。五是探索构建种养循环发展机制。六是加强产学研推用支撑。通过以上路径，落实畜禽养殖废弃物资源化利用的措施，指导市县完成某些关键性、示范性和引领性工作，把加快推进畜禽养殖废弃物资源化利用落到实处。

第三部分强化监管。一是严格落实畜禽规模养殖环评制度。二是建立养殖污染监管制度。三是落实规模养殖场主体责任制度。四是健全绩效评价考核制度。通过建立健全强化畜禽养殖废弃物资源化利用监管制度，实行绩效考核等综合措施，进一步明确各级农牧、环保等有关部门工作任务，压实地方政府属地管理责任和规模养殖场户主体责任。

第四部分保障措施。一是切实强化组织领导。二是加强财税政策支持。三是统筹解决用地用电问题。主要强调强化政策支持。政策内容覆盖面广，既包括畜禽粪污资源化利用试点、种养业循环一体化工程、有机肥替代化肥行动、农机购置补贴、生物天然气工程和规模化大中型沼气工程等财政政策，还包括税收、用地和用电等优惠保障政策等多个方面。

第二章 安徽生态文明发展水平评价

2017 年，安徽省先后印发了《安徽省生态文明建设目标评价考核实施办法》《安徽省绿色发展指标体系》和《安徽省生态文明建设考核目标体系》（以下简称"一个办法、两个体系"），这对推动安徽省绿色发展和生态文明建设具有重要意义。本章依据"一个办法、两个体系"，从"资源利用—环境治理—环境质量—生态保护—增长质量—绿色生活"六个方面建立安徽生态文明发展水平评价指标，运用层次分析法对 2013—2016 年安徽生态文明发展水平做出评价。

第一节 模型的选择和指标体系的构建

本节选取了层次分析法对安徽生态文明发展水平进行量化评价，从"资源利用—环境治理—环境质量—生态保护—增长质量—绿色生活"六个方面建立安徽生态文明发展水平评价指标体系，选取单位GDP 能耗、化学需氧量排放量、空气质量达到及好于二级的天数比例、森林覆盖率等 30 项指标评价安徽生态文明发展水平。

一、模型选取

目前对生态文明发展水平的评价方法主要包括层次分析法、PSR模型、Vague 集、突变级数模型等。层次分析法将复杂的决策系统层次化，通过逐层比较各种关联因素的重要性来为分析、决策提供定量的依据。本章选择使用层次分析法对安徽生态文明发展水平进行综合评价，从资源、环境、生态、生活等角度出发，构建生态文明发展水平评价指标体系。层次分析法的优点是可以对评价对象进行客观排序，实现对安徽生态文明发展水平的客观评价，对生态文明发展水平进行横向、纵向分析。

层次分析法的基本思路是：

（1）对数据进行预处理，统一评价指标的属性，归一化消除量纲的影响，将矩阵的各元素转化为效益型指标。用 I_1，I_2 分别表示效益型、成本型指标，效益型矩阵转化方式为：

$$B = (b_{ij})_{n \times m}, \quad b_{ij} = \begin{cases} (a_{ij} - \min_j a_{ij})/(\max_j a_{ij} - \min_j a_{ij}) & a_{ij} \in I_1 \\ (\max_j a_{ij} - a_{ij})/(\max_j a_{ij} - \min_j a_{ij}) & a_{ij} \in I_2 \end{cases}$$

（2）确定各指标对应的权重 $w = [w_1, \cdots, w_n]$，其中 $w_k (k = 1, 2, \cdots, n)$ 为第 k 个评价指标对应的权重。

（3）计算目标层的综合评价值，根据综合评价值的大小，对各评价对象进行排序。对于效益型指标，综合评价值越大，其评价结果越好；对于成本型指标，综合评价值越小，其评价结果越好。

二、指标体系的建立

依据"一个办法、两个体系"开展生态文明建设年度评价工作，是贯彻党的十九大精神和习近平新时代中国特色社会主义思想的重要举措，是落实党中央、国务院关于推进生态文明建设一系列决策部署的具体措施。考虑指标数据的客观性和可获取性，本章从资源利用、环境治理、环境质量、生态保护、增长质量、绿色生活六个方面，选取 30 项指标构建安徽生态文明发展水平评价指标体系。

按照构建原则要求，将生态文明发展水平评价指标体系分为目标层、准则层、指标层三个层次。准则层包括资源利用指标、环境治理指标、环境质量指标、生态保护指标、增长质量指标、绿色生活指标。

资源利用指标表征资源利用从高消耗、低效率向节约集约循环利用的转变，包括单位 GDP 能耗、单位 GDP 用水量、单位工业增加值用水量、农业有效灌溉面积等指标。

环境治理指标重点反映主要污染物、危险废物、生活垃圾和污水的治理等情况，包括化学需氧量排放量、氮氧化物排放量、节能环保财政支出占比、生活垃圾无害化处理率、城市污水处理率等指标。

环境质量指标主要反映大气、水、土壤等的环境质量状况，包括空气质量达到及好于二级的天数比例、可吸入颗粒物 PM10 浓度、单位耕地面积化肥使用量、单位耕地面积农药使用量。

生态保护指标指对自然资源和自然环境的保护，包括森林覆盖率、森林蓄积量、自然保护区面积。

增长质量指标体现了绿色发展是经济增长与资源环境相协调的发展，包括人均 GDP、城镇居民人均可支配收入、研究与实验发展经费支出占 GDP 比重等指标。

绿色生活指标是引导形成绿色生活方式以及改善生活环境的重要象征，包括建成区绿地率、农村卫生厕所普及率、绿色出行、农村自来水普及率。

由此可构建安徽省生态文明发展水平评价指标体系（表 2-1）。

表 2-1 安徽生态文明发展水平评价指标体系

A 目标层	B 准则层	P 指标层	指标性质
A 生态文明发展水平	B_1 资源利用	P_{11} 单位 GDP 能耗（吨标准煤/万元）	负指标
		P_{12} 用水总量（亿立方米）	负指标
		P_{13} 单位 GDP 用水量（立方米/万元）	负指标
		P_{14} 单位工业增加值用水量（立方米/万元）	负指标
		P_{15} 农业有效灌溉面积（千公顷）	正指标
		P_{16} 耕地面积（千公顷）	正指标
		P_{17} 一般工业固体废物综合利用率（%）	正指标
	B_2 环境治理	P_{21} 化学需氧量排放量（吨）	负指标
		P_{22} 氨氮排放量（吨）	负指标
		P_{23} 二氧化硫排放量（吨）	负指标
		P_{24} 氮氧化物排放量（吨）	负指标
		P_{25} 生活垃圾无害化处理率（%）	正指标
		P_{26} 城市污水处理率（%）	正指标
		P_{27} 节能环保财政支出占比（%）	正指标

（续表）

A 目标层	B 准则层	P 指标层	指标性质
A 生态文明发展水平	B$_3$ 环境质量	P$_{31}$ 空气质量达到及好于二级的天数比例（%）	正指标
		P$_{32}$ 可吸入颗粒物 PM10 浓度（微克/立方米）	负指标
		P$_{33}$ 单位耕地面积化肥使用量（吨/千公顷）	负指标
		P$_{34}$ 单位耕地面积农药使用量（吨/千公顷）	负指标
	B$_4$ 生态保护	P$_{41}$ 森林覆盖率（%）	正指标
		P$_{42}$ 森林蓄积量（万立方米）	正指标
		P$_{43}$ 自然保护区面积（万公顷）	正指标
	B$_5$ 增长质量	P$_{51}$ 人均 GDP（元/人）	正指标
		P$_{52}$ 城镇居民人均可支配收入（元）	正指标
		P$_{53}$ 农村居民人均可支配收入（元）	正指标
		P$_{54}$ 第三产业增加值占 GDP 的比重（%）	正指标
		P$_{55}$ 研究与实验发展经费支出占 GDP 比重（%）	正指标
	B$_6$ 绿色生活	P$_{61}$ 建成区绿地率（%）	正指标
		P$_{62}$ 农村卫生厕所普及率（%）	正指标
		P$_{63}$ 绿色出行（万人次）	正指标
		P$_{64}$ 农村自来水普及率（%）	正指标

三、指标解释

资源利用方面：随着经济的高速发展，能源严重稀缺，资源供应不足，高效、合理利用资源是形成可持续经济的必要条件，也是建设生态文明的基础。因此，综合数据的可得性及安徽生态文明建设的实际情况，选取单位 GDP 能耗、用水总量、单位 GDP 用水量、单位工业增加值用水量、农业有效灌溉面积、耕地面积、一般工业固体废物综合利用率 7 个指标。具体解释如下：

（1）单位 GDP 能耗指一定时期内地区每生产一个单位的生产总值所消耗的能源，其计算公式为：单位 GDP 能耗＝能源消耗总量/地区 GDP。

（2）用水总量指地区各类用水户取用的包括输水损失在内的毛水

量，属于统计指标。

（3）单位 GDP 用水量指一定时期内地区每生产一个单位的生产总值所消耗的水资源，其计算公式为：单位 GDP 用水量＝用水总量/地区 GDP。

（4）单位工业增加值用水量指地区每增加一个单位的工业增加值所消耗的水资源，其计算公式为：单位工业增加值用水量＝工业用水量/工业增加值。

（5）农业有效灌溉面积指具有一定的水源，地块比较平整，灌溉工程或设备已经配套，在一般年景下当年能够进行正常灌溉的耕地面积，属于统计指标。

（6）耕地面积指经常进行耕种的土地面积，其计算公式为：耕地面积＝年初耕地面积＋当年增加的耕地面积－当年减少的耕地面积。

（7）一般工业固体废物综合利用率指一定时期内地区工业固体废物综合利用量占工业固定废物产生量的比例，属于统计指标。

环境治理方面： 经济的高速发展造成了严重的环境污染，正确处理经济发展与环境的关系，环境治理为建立良好的发展环境奠定基础。为了经济的可持续化发展，环境治理选取化学需氧量排放量、氨氮排放量、二氧化硫排放量、氮氧化物排放量、生活垃圾无害化处理率、城市污水处理率、节能环保财政支出占比 7 个指标。具体解释如下：

（1）化学需氧量排放量指以氧化 1 升废水水样中还原性物质所消耗的氧化剂的量的总和，属于统计指标。

（2）氨氮排放量指排放的废水中以游离氨和铵离子形式存在的氮的总和，属于统计指标。

（3）二氧化硫排放量指排放的废气中二氧化硫的量，属于统计指标。

（4）氮氧化物排放量指排放的废气中氮氧化物的量，属于统计指标。

（5）生活垃圾无害化处理率指一定时期生活垃圾无害化处理量与生活垃圾产生量的比值，其计算公式为：生活垃圾无害化处理率＝生活垃圾无害化处理量/生活垃圾产生量×100％。

（6）城市污水处理率指经过处理的生活污水、工业废水量占污水排放总量的比重，其计算公式为：城市污水处理率＝污水处理量/污水排放总量×100％。

（7）节能环保财政支出占比指地区节能环保财政支出占地区总财政支出的比例，其计算公式为：节能环保财政支出占比＝节能环保财政支出/总财政支出×100％。

环境质量方面：环境由自然环境要素和社会环境要素构成，环境质量包括大气环境质量、土壤环境质量、水资源环境质量等，因此，选取空气质量达到及好于二级的天数比例、可吸入颗粒物 PM10 浓度、单位耕地面积化肥使用量、单位耕地面积农药使用量 4 个指标。具体解释如下：

（1）空气质量达到及好于二级的天数比例指地区空气质量达到或好于二级标准的天数占全年天数的百分比，其计算公式为：空气质量达到及好于二级的天数比例＝空气质量达到或好于二级标准的天数/全年的天数×100％。

（2）可吸入颗粒物 PM10 浓度指每立方米空气中可吸入颗粒物的微克数，属于统计指标。

（3）单位耕地面积化肥使用量指一定时期化肥使用量与耕地面积的比值，其计算公式为：单位耕地面积化肥使用量＝化肥使用量/耕地面积。

（4）单位耕地面积农药使用量指一定时期农药使用量与耕地面积的比值，其计算公式为：单位耕地面积农药使用量＝农药使用量/耕地面积。

生态保护方面：生态保护包括对生态资源的保护、建立自然保护区以及对各种自然资源开发的保护，所以选取森林覆盖率、森林蓄积量、自然保护区面积 3 个指标。具体解释如下：

（1）森林覆盖率指地区的森林面积占地区土地总面积的百分比，其计算公式为：森林覆盖率＝森林面积/土地总面积×100％。

（2）森林蓄积量指一定森林面积上存在着的林木树干部分的总材积，属于统计指标。

（3）自然保护区面积指为了保护自然环境和自然资源，促进国民经济的持续发展，将一定面积的陆地和水体划分出来，并经各级人民政府批准而进行特殊保护和管理的区域面积，属于统计指标。

增长质量方面：生态文明需要结合地区的经济发展和资源环境约束等因素进行建设，保持经济发展与资源环境相协调，形成绿色可持续发展。增长质量结合安徽经济、资源、环境等情况，选取人均GDP、城镇居民人均可支配收入、农村居民人均可支配收入、第三产业增加值占GDP的比重、研究与实验发展经费支出占GDP比重5个指标。具体解释如下：

（1）人均GDP指地区平均每人的生产总值的数量，其计算公式为：人均GDP＝地区GDP/年平均常住人口。

（2）城镇居民人均可支配收入指城镇居民家庭全部现金收入能用于安排家庭日常生活的那部分收入，用以衡量城镇居民收入水平和生活水平，属于统计指标。

（3）农村居民人均可支配收入指农村居民家庭全部现金收入能用于安排家庭日常生活的那部分收入，属于统计指标。

（4）第三产业增加值占GDP的比重指地区第三产业的增加值与地区GDP的比值，其计算公式为：第三产业增加值占GDP的比重＝第三产业增加值/地区GDP×100％。

（5）研究与实验发展经费支出占GDP比重指财政支出中研究与实验经费支出占地区GDP的比重，其计算公式为：研究与实验经费支出占GDP比重＝研究与实验经费支出/地区GDP×100％。

绿色生活方面： 推动生活方式绿色化是使生态文明建设融入政治、经济、文化、社会等的重要举措。随着城市化的不断发展，生活节奏的不断加快，人们日常生活中的一些不良生活方式和消费行为造成资源浪费严重、环境恶化加快，因此，必须倡导绿色低碳、文明健康的生活方式。绿色生活选取建成区绿地率、农村卫生厕所普及率、绿色出行、农村自来水普及率4个指标。具体解释如下：

（1）建成区绿地率指在城市建成区的各类绿地面积占建成区面积的比率，属于统计指标。

（2）农村卫生厕所普及率指地区使用卫生厕所的农户占农户总数的比例，其计算公式为：农村卫生厕所普及率＝使用卫生厕所的农户数/地区农户总数×100％。

（3）绿色出行指城镇每万人口公共交通客运量，属于统计指标。

（4）农村自来水普及率指农村饮用自来水人口数占农村人口总数

的百分比，其计算公式为：农村自来水普及率＝农村饮用自来水人口/本地区农村人口总数×100％。

第二节 安徽省生态文明发展水平评价

本节根据上一节中建立的安徽生态文明发展水平评价指标体系，选取 2013—2016 年安徽省生态文明发展水平的指标数据对全省的生态文明发展水平进行综合评价。

一、数据来源

根据安徽生态文明发展水平评价指标体系，选取 2013—2016 年的指标数据对安徽省生态文明水平进行评价。数据主要来源于 2014—2017 年的《中国统计年鉴》《安徽统计年鉴》《安徽环境统计资料》等。2013—2016 年安徽省生态文明发展水平数据见表 2 - 2 所列。

表 2 - 2 2013—2016 年安徽省生态文明发展水平数据

A 目标层	B 准则层	P 指标层	2013 年	2014 年	2015 年	2016 年
A	B_1	P_{11}	0.68	0.64	0.60	0.53
		P_{12}	296	272.1	288.7	290.7
		P_{13}	153.9	130.5	131.2	120.5
		P_{14}	113.84	99.66	97.52	95.72
		P_{15}	4305.53	4331.7	4400.34	4437.46
		P_{16}	4188.104	5876.41	5876.64	5873
		P_{17}	83.99	84.44	88.48	82.62
	B_2	P_{21}	902683.8	885604.1	871056.1	496306.9
		P_{22}	103327.7	100496.1	96750.8	56346.5
		P_{23}	501349	492966	480073	281567
		P_{24}	863669	807305	721009	507615
		P_{25}	98.80	99.50	99.60	99.90
		P_{26}	96.20	96.20	96.70	97.40
		P_{27}	2.49	2.25	2.38	2.42

（续表）

A目标层	B准则层	P指标层	2013年	2014年	2015年	2016年
A	B₃	P_{31}	86.6	87.7	77.9	74.3
		P_{32}	99	95	80	77
		P_{33}	808.01	580.95	576.34	556.80
		P_{34}	28.12	19.40	18.90	18.00
	B₄	P_{41}	27.5	28.7	28.7	28.7
		P_{42}	18074.9	22186.6	22186.6	22186.6
		P_{43}	41.28	40.97	41.35	41.74
	B₅	P_{51}	32001	34425	35997	39092
		P_{52}	23114	24839	26936	29156
		P_{53}	8850	9916	10821	11720
		P_{54}	34.18	35.39	39.09	41.30
		P_{55}	1.83	1.89	1.96	1.97
	B₆	P_{61}	35.37	36.98	37.16	37.67
		P_{62}	62.6	65.2	67.1	68.9
		P_{63}	244676	247534	237468	224953
		P_{64}	58.6	64.3	72.0	78.0

二、分层赋权

指标权重的确定方法有多种，如德尔菲法、变异系数法、熵值法等，考虑生态文明发展水平评价的实际情况，采用等比例对各项指标进行赋权。

将资源利用、环境治理、环境质量、生态保护、增长质量、绿色生活看作六个子体系，各指标在各子体系下的等比例权重为指标层的权重；对准则层的资源利用、环境治理、环境质量、生态保护、增长质量、绿色生活六个体系进行等比赋权，得到准则层的权重，见表2-3所列。

表 2 - 3   2013—2016 年安徽省生态文明发展水平指标权重

A 目标层	B 准则层	P 指标层	权　重
A 生态文明 发展水平	B₁ 资源利用 16.67%	P₁₁ 单位 GDP 能耗	14.29%
		P₁₂ 用水总量	14.29%
		P₁₃ 单位 GDP 用水量	14.29%
		P₁₄ 单位工业增加值用水量	14.29%
		P₁₅ 农业有效灌溉面积	14.29%
		P₁₆ 耕地面积	14.29%
		P₁₇ 一般工业固体废物综合利用率	14.29%
	B₂ 环境治理 16.67%	P₂₁ 化学需氧量排放量	14.29%
		P₂₂ 氨氮排放量	14.29%
		P₂₃ 二氧化硫排放量	14.29%
		P₂₄ 氮氧化物排放量	14.29%
		P₂₅ 生活垃圾无害化处理率	14.29%
		P₂₆ 城市污水处理率	14.29%
		P₂₇ 节能环保财政支出占比	14.29%
	B₃ 环境质量 16.67%	P₃₁ 空气质量达到及好于二级的天数比例	25.00%
		P₃₂ 可吸入颗粒物 PM10 浓度	25.00%
		P₃₃ 单位耕地面积化肥使用量	25.00%
		P₃₄ 单位耕地面积农药使用量	25.00%
	B₄ 生态保护 16.67%	P₄₁ 森林覆盖率	33.33%
		P₄₂ 森林蓄积量	33.33%
		P₄₃ 自然保护区面积	33.33%
	B₅ 增长质量 16.67%	P₅₁ 人均 GDP	20.00%
		P₅₂ 城镇居民人均可支配收入	20.00%
		P₅₃ 农村居民人均可支配收入	20.00%
		P₅₄ 第三产业增加值占 GDP 的比重	20.00%
		P₅₅ 研究与实验发展经费支出占 GDP 比重	20.00%
	B₆ 绿色生活 16.67%	P₆₁ 建成区绿地率	25.00%
		P₆₂ 农村卫生厕所普及率	25.00%
		P₆₃ 绿色出行	25.00%
		P₆₄ 农村自来水普及率	25.00%

三、安徽生态文明发展水平动态变化分析

根据表 2－2 2013—2016 年安徽省生态文明发展水平数据，基于层次分析理论计算得到四年的指标综合评价值（表 2－4），据此对安徽省生态文明发展水平进行纵向的动态分析。

表 2－4　2013—2016 年安徽省生态文明综合评价值

年份	资源利用	环境治理	环境质量	生态保护	增长质量	绿色出行	综合
2013	0.8509	0.7461	0.7736	0.9205	0.8246	0.8968	0.8356
2014	0.9492	0.7443	0.9242	0.9938	0.8790	0.9381	0.9049
2015	0.9599	0.7700	0.9423	0.9968	0.9419	0.9607	0.9288
2016	0.9816	0.9963	0.9618	0.9999	1.0000	0.9772	0.9863

为了便于分析安徽省生态文明发展水平评价指标体系的目标层与准则层综合评价值在过去四年间的发展状况，根据表 2－4 结果做出雷达图，如图 2－1 所示。

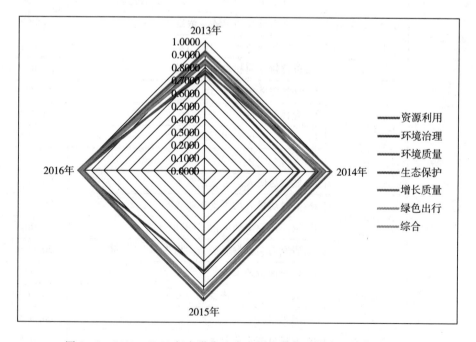

图 2－1　2013—2016 年安徽省生态文明发展水平综合评价值雷达图

表 2 - 4 和图 2 - 1 反映出 2013—2016 年安徽省生态文明综合评价值呈现上升的趋势，从 2013 年的 0.8356 增长到 2016 年的 0.9863，年均增长 0.0377，说明安徽省生态文明发展水平在不断提高。

由图 2 - 1 可见，2013—2016 年，安徽省生态文明发展水平指标体系的资源利用、环境治理、环境质量、生态保护、增长质量、绿色出行六个子体系的综合评价值在整体上呈现稳步上升的趋势。资源利用、环境质量与绿色出行子体系的综合评价值在 2013 年大幅度上升，随后减缓，上升速度先快后慢。增长质量子体系的综合评价值接近于线性增长。环境治理子体系的综合评价值在 2013—2014 年下降，2014—2015 年增长趋势不明显，但在 2015 年后增长迅速，由 2015 年的 0.7700 增长到 2016 年的 0.9963。这与安徽省推进绿色发展，打造生态文明建设安徽样板方案的实施有很大的关系。生态保护子体系的综合评价值由 2013 年的 0.9205 快速增长到 2014 年的 0.9938，随后增长缓慢，逐渐趋于稳定，说明安徽省生态保护的工作日趋科学化。

第三节 安徽城市生态文明发展水平评价

本节根据第一节中建立的安徽生态文明发展水平评价指标体系和第二节中的评价指标权重，选取 2013—2016 年安徽省各城市的生态文明发展水平数据，对各市的生态文明发展水平进行量化评价，横向、纵向地分析安徽城市生态文明发展水平。

一、数据来源

安徽地处华东地区，2011 年以来，安徽辖区共 16 个城市，从北到南分别为淮北、亳州、宿州、蚌埠、阜阳、淮南、滁州、合肥、六安、马鞍山、芜湖、宣城、铜陵、池州、安庆、黄山。

根据安徽生态文明发展水平评价指标体系，选取 2013—2016 年安徽城市生态文明发展水平指标数据对城市生态文明发展水平进行评价。数据主要来源于 2014—2017 年的《安徽统计年鉴》《安徽环境统计资料》及各城市统计年鉴等。2013—2016年安徽城市生态文明发展水平数据见表2-5、表2-6、表2-7、表2-8所列。

表2-5 2013年安徽城市生态文明发展水平数据

指标	淮北	亳州	宿州	蚌埠	阜阳	淮南	滁州	合肥
P_{11}	0.98	0.51	0.67	0.57	0.94	0.86	0.64	0.46
P_{12}	4.95	10.34	11.14	15.80	17.26	17.39	23.24	32.66
P_{13}	69.30	126.10	108.66	150.96	156.95	212.23	208.93	69.73
P_{14}	32.96	116.44	94.60	58.41	91.22	221.81	66.04	34.25
P_{15}	141.47	446.78	410.99	225.61	394.52	121.93	485.75	455.40
P_{16}	133.99	498.27	480.14	296.71	574.28	113.15	407.55	336.03
P_{17}	92.52	99.84	60.33	99.05	99.97	88.82	96.77	93.16
P_{21}	29291.4	70249.7	106522.2	44200.9	11420.3	43725.0	68208.3	118767.0
P_{22}	3798.7	7634.5	10112.6	4835.7	13667.6	5202.7	9266.3	10260.1
P_{23}	46393	19627	35066	18483	26163	62350	21320	44198
P_{24}	52608	22102	66345	33333	48389	105754	40138	95719
P_{25}	100	100	98.71	100.00	94.59	98.13	98.98	100
P_{26}	97.68	96.91	99.10	99.95	90.55	98.18	96.43	98.09
P_{27}	1.33	1.07	1.85	2.90	1.17	2.18	1.86	4.04
P_{31}	89.6	89.3	91.2	82.2	88.8	79.2	84.4	78.9
P_{32}	97	96	104	111	90	115	102	115
P_{33}	736.98	607.45	713.13	1028.70	697.30	1245.42	842.08	938.85
P_{34}	19.34	15.75	48.22	22.08	13.38	54.20	14.13	17.35
P_{41}	19.11	18.54	28.41	18.53	17.97	19.51	15.01	14.30
P_{42}	226.68	882.67	1276.56	740.09	872.48	261.06	1158.69	605.64
P_{43}	0	0	2.09	1.63	2.56	0	2.46	0
P_{51}	32996	16071	18768	31482	13839	34897	27474	61555
P_{52}	22460	22605	21713	22739	20933	22920	22591	28083
P_{53}	8240	7456	7571	8741	6763	8869	9183	10352
P_{54}	24.29	33.66	32.89	30.56	32.13	29.87	27.18	39.32

（续表）

指标	淮北	亳州	宿州	蚌埠	阜阳	淮南	滁州	合肥
P_{55}	1.39	0.34	0.32	1.94	0.46	1.83	1.65	3.09
P_{61}	43.39	30.16	32.66	34.04	29.00	36.77	35.75	35.79
P_{62}	67.60	41.58	53.95	67.78	30.47	80.25	67.02	86.24
P_{63}	10008	2298	7174	23750	20658	14961	12502	72907
P_{64}	71.09	37.10	56.41	34.66	39.62	56.72	67.04	58.68

指标	六安	马鞍山	芜湖	宣城	铜陵	池州	安庆	黄山
P_{11}	0.69	1.51	0.56	0.78	0.86	1.05	0.61	0.43
P_{12}	31.81	31.50	30.14	15.00	10.89	10.50	29.06	4.34
P_{13}	311.84	248.05	143.45	176.78	160.01	222.01	204.91	92.16
P_{14}	90.72	360.42	135.08	79.29	204.35	300.03	135.86	69.12
P_{15}	584.94	147.85	196.59	200.72	23.90	95.00	324.11	49.97
P_{16}	436.11	124.44	175.37	155.61	23.54	83.28	303.24	46.40
P_{17}	73.73	70.21	96.66	83.97	83.12	80.21	96.87	74.76
P_{21}	72899.0	28225.2	48410.2	44437.2	14812.6	19895.1	65349.6	16270.0
P_{22}	9189.4	3734.1	6499.1	4555.2	1550.9	2333.5	8546.9	2140.5
P_{23}	18625	66643	40075	22512	37055	17223	18602	7012
P_{24}	28127	99738	81460	45865	46825	33335	54275	9654
P_{25}	100	97.47	96.20	100	100	99.93	98.46	100
P_{26}	91.14	97.36	93.99	90.77	85.51	91.38	96.44	91.36
P_{27}	1.79	1.64	3.56	2.35	5.07	1.96	1.66	6.16
P_{31}	93.2	71.8	86.0	87.9	88.8	96.2	77.8	99.5
P_{32}	77	135	98	96	99	78	113	58
P_{33}	849.48	695.84	940.73	916.40	1042.73	753.01	804.21	844.83
P_{34}	34.64	29.89	24.53	27.30	33.43	68.33	49.33	73.57
P_{41}	38.52	15.90	17.94	57.57	34.67	58.60	38.00	81.04
P_{42}	2925.70	278.86	365.28	2799.80	137.98	2632.27	2660.00	4171.91
P_{43}	5.17	1.07	0	3.14	3.15	5.45	11.87	2.70

（续表）

指标	六安	马鞍山	芜湖	宣城	铜陵	池州	安庆	黄山
P_{51}	17828	58733	58532	32928	92599	32541	26596	34725
P_{52}	21275	34048	26264	22731	27154	23482	22683	23356
P_{53}	7431	12340	10962	10247	11187	9080	7748	10389
P_{54}	31.62	29.86	27.73	33.00	25.66	35.79	31.76	42.26
P_{55}	0.58	2.29	2.54	1.15	2.80	0.70	0.59	0.83
P_{61}	34.25	41.09	36.40	35.78	43.28	32.33	39.63	38.72
P_{62}	70.51	50.43	100.41	77.34	83.84	58.42	68.75	81.69
P_{63}	9843	11148	22832	7864	7049	3843	13870	3970
P_{64}	50.64	22.09	98.02	74.27	92.29	66.62	96.50	93.51

表 2-6   2014 年安徽城市生态文明发展水平数据

指标	淮北	亳州	宿州	蚌埠	阜阳	淮南	滁州	合肥
P_{11}	0.90	0.49	0.63	0.53	0.90	0.76	0.60	0.42
P_{12}	4.84	9.74	10.36	12.84	15.92	15.46	21.29	26.66
P_{13}	63.71	110.23	90.83	111.54	133.90	195.86	175.31	51.46
P_{14}	33.16	81.58	79.21	44.98	66.66	231.76	53.50	27.62
P_{15}	142.13	449.24	416.16	232.31	401.92	122.08	486.69	456.77
P_{16}	168.18	599.15	571.42	377.36	650.06	144.44	715.80	560.85
P_{17}	92.77	99.45	65.71	94.87	99.79	89.17	96.56	92.91
P_{21}	28850.3	68871.6	105181.2	43622.3	109673.8	42683.3	68180.1	115627.9
P_{22}	3613.5	7452.6	9859.2	4761.7	13017.0	5155.8	9109.9	10166.2
P_{23}	47630	19007	32209	18285	25830	61055	23587	45159
P_{24}	44449	24373	55776	33754	48456	88435	44016	89265
P_{25}	100	100	100	100	98.90	98.50	99.96	100
P_{26}	97.87	96.93	99.47	99.30	90.61	98.18	96.96	98.22
P_{27}	1.45	1.47	2.38	1.94	1.58	2.08	1.97	2.67
P_{31}	87.40	89.32	90.68	77.81	90.41	83.56	87.12	77.53
P_{32}	102	96	93	115	87	107	97	113

（续表）

指标	淮北	亳州	宿州	蚌埠	阜阳	淮南	滁州	合肥
P_{33}	598.92	517.78	605.19	798.51	623.34	1048.65	490.16	564.71
P_{34}	17.38	13.41	41.65	16.71	12.70	41.77	8.18	9.86
P_{41}	18.31	16.62	25.68	16.99	18.27	9.39	14.27	11.13
P_{42}	275.95	908.30	1266.15	697.46	1078.16	229.39	1091.94	1002.75
P_{43}	0	0	2.09	1.63	2.56	0	2.46	0
P_{51}	35324	17769	20895	35542	15303	33361	30562	67689
P_{52}	23787	21192	21941	24147	21715	26267	22091	29348
P_{53}	9116	8967	8332	10511	8213	10547	9171	14407
P_{54}	28.95	38.53	35.29	32.61	34.26	35.67	28.75	39.88
P_{55}	1.20	0.39	0.33	2.03	0.51	2.03	1.68	3.09
P_{61}	43.15	28.98	39.77	34.09	29.57	36.77	37.15	40.30
P_{62}	69.90	42.14	56.94	71.30	31.33	80.25	71.54	87.90
P_{63}	9656	3617	7612	24513	21442	15650	12274	74663
P_{64}	79.21	53.82	61.27	41.50	49.76	62.05	67.29	67.07

指标	六安	马鞍山	芜湖	宣城	铜陵	池州	安庆	黄山
P_{11}	0.57	1.25	0.52	0.68	0.80	1.00	0.57	0.41
P_{12}	30.80	29.82	30.28	13.74	10.83	9.84	25.66	4.01
P_{13}	281.07	223.69	131.11	149.73	151.19	190.27	166.16	79.07
P_{14}	76.00	342.34	121.21	57.98	195.46	249.41	124.02	53.33
P_{15}	585.75	147.85	196.58	200.72	23.90	95.00	324.86	49.74
P_{16}	716.71	175.16	268.01	248.32	25.85	138.42	447.83	68.86
P_{17}	73.49	71.06	93.32	85.18	83.16	74.97	96.54	74.77
P_{21}	71565.6	27649.8	48005.1	41829.9	14742.5	19592.6	63258.0	16270.0
P_{22}	8988.7	3510.1	6314.5	4309.4	1520.2	2228.1	8349.7	2139.6
P_{23}	18841	60970	40747	22148	31602	21221	17505	7170
P_{24}	30217	99184	77643	44823	40579	23756	53399	9180
P_{25}	151.63	98.14	98.01	100	100	100	99.13	100
P_{26}	91.20	99.08	91.61	94.83	90.04	92.31	90.42	94.11

（续表）

指标	六安	马鞍山	芜湖	宣城	铜陵	池州	安庆	黄山
P_{27}	3.04	1.91	1.36	2.26	5.23	2.04	2.04	7.39
P_{31}	85.21	85.75	87.40	91.51	81.64	99.18	90.68	99.18
P_{32}	105	108	96	91	106	59	90	52
P_{33}	494.49	481.27	683.92	526.01	956.09	440.93	568.72	559.19
P_{34}	20.92	21.31	10.14	15.75	27.74	40.35	27.21	49.30
P_{41}	38.28	15.39	17.06	57.79	31.93	59.61	37.38	82.32
P_{42}	3229.06	276.64	438.07	2936.15	142.20	2814.50	2842.54	4718.16
P_{43}	5.17	1.07	0	3.14	3.15	5.14	11.87	2.7
P_{51}	19211	60091	64039	35726	97193	36267	28809	37306
P_{52}	20610	32560	27384	26289	29234	22295	22109	24194
P_{53}	8287	14969	14606	11251	16405	10629	9024	10942
P_{54}	32.89	31.88	30.98	35.75	26.98	39.60	33.49	46.67
P_{55}	0.62	2.47	2.65	1.25	2.90	0.75	0.61	0.88
P_{61}	34.97	41.09	35.64	36.43	44.02	33.51	40.94	39.28
P_{62}	70.87	73.02	100.00	78.78	83.84	62.59	73.12	82.50
P_{63}	10200	10747	22021	8182	7340	4078	12429	3110
P_{64}	52.89	89.42	99.20	74.46	92.29	67.23	79.98	93.17

表 2-7 2015 年安徽城市生态文明发展水平数据

指标	淮北	亳州	宿州	蚌埠	阜阳	淮南	滁州	合肥
P_{11}	0.84	0.46	0.59	0.49	0.79	0.73	0.56	0.40
P_{12}	4.59	10.42	9.99	14.78	17.17	15.52	22.55	30.45
P_{13}	60.30	110.54	80.84	117.94	135.49	172.24	172.70	53.80
P_{14}	33.51	78.81	71.10	42.88	59.03	231.11	51.27	25.19
P_{15}	142.87	459.54	421.99	237.15	425.08	283.18	490.05	458.40
P_{16}	168.08	598.98	572.11	377.17	649.21	341.12	716.25	560.46
P_{17}	92.70	97.50	68.92	96.36	99.26	86.14	96.36	91.53
P_{21}	28029.0	68142.2	104286.0	43303.0	107329.2	41992.4	66700.0	113980.2

（续表）

指标	淮北	亳州	宿州	蚌埠	阜阳	淮南	滁州	合肥
P_{22}	3586.8	7033.5	9704.3	4787.6	12436.5	4943.2	8878.0	9222.5
P_{23}	48332	19476	32632	17953	27115	62461	21889	44909
P_{24}	43298	23123	51670	31696	47963	58274	41258	76172
P_{25}	100	99.89	100	100	98.84	95.33	99.96	99.99
P_{26}	97.93	98.12	99.16	99.50	90.61	96.69	97.51	98.97
P_{27}	1.79	1.44	2.04	1.75	1.49	2.30	2.12	2.57
P_{31}	67.1	74.3	72.0	70.2	78.8	79.5	72.1	68.0
P_{32}	90	87	85	90	72	85	87	92
P_{33}	638.70	516.24	583.12	821.86	591.24	871.98	498.49	529.67
P_{34}	19.73	13.06	42.12	16.70	11.84	37.25	8.32	9.10
P_{41}	18.99	17.28	26.05	17.60	18.58	8.68	14.90	12.40
P_{42}	281.32	913.49	1278.78	706.64	1057.65	388.21	1095.41	1018.49
P_{43}	0	0	2.09	1.63	2.56	0	2.46	0
P_{51}	35057	18771	22415	38267	16121	26398	32634	73102
P_{52}	25690	23120	23630	26369	23496	28106	24168	31989
P_{53}	9882	9738	9140	11552	9001	10139	10070	15733
P_{54}	34.13	40.04	40.36	36.99	36.67	39.53	32.71	42.75
P_{55}	1.27	0.44	0.38	2.18	0.58	1.60	1.69	3.09
P_{61}	43.56	31.07	40.15	34.19	29.58	36.93	38.41	38.25
P_{62}	80.54	51.20	58.35	77.13	32.26	79.12	73.34	87.67
P_{63}	9802	4205	7938	23311	19891	14026	13634	69959
P_{64}	87.55	80.48	67.00	61.25	58.27	68.45	74.00	76.32
指标	六安	马鞍山	芜湖	宣城	铜陵	池州	安庆	黄山
P_{11}	0.56	1.16	0.48	0.60	0.75	0.92	0.54	0.37
P_{12}	30.93	34.25	28.29	15.18	11.84	9.81	28.02	4.87
P_{13}	304.28	250.86	115.13	156.26	129.88	180.09	197.68	91.73
P_{14}	87.12	408.88	102.22	56.38	188.34	208.79	131.30	50.41

（续表）

指标	六安	马鞍山	芜湖	宣城	铜陵	池州	安庆	黄山
P_{15}	428.57	147.85	196.58	200.66	81.69	105.68	269.83	51.23
P_{16}	521.36	175.04	267.93	248.41	94.03	138.27	379.44	68.80
P_{17}	75.84	86.51	86.44	90.46	90.58	93.97	96.80	74.80
P_{21}	70625.0	27888.0	48044.0	40237.0	14489.0	19219.9	60815.7	15975.5
P_{22}	8724.4	3487.1	6151.7	4028.3	1446.9	2155.9	8053.8	2110.3
P_{23}	20196	50730	40744	22355	28023	18898	17048	7311
P_{24}	28124	83005	79983	41189	37766	23618	45273	8598
P_{25}	100	100	100	100	100	100	99.12	100
P_{26}	98.29	96.04	91.63	94.01	92.00	93.26	94.07	94.29
P_{27}	2.62	2.82	2.52	2.07	7.33	4.69	1.95	6.38
P_{31}	80.2	75.1	77.3	80.1	77.8	94.5	84.0	94.7
P_{32}	89	87	81	75	88	55	72	46
P_{33}	401.20	459.72	689.91	532.88	665.25	434.09	589.27	560.52
P_{34}	11.27	20.90	10.58	16.12	21.84	39.98	28.45	48.13
P_{41}	44.56	16.20	17.69	57.98	25.55	59.98	40.34	82.57
P_{42}	3318.5	671.55	439.87	2973.94	261.66	2844.18	2823.21	4764.8
P_{43}	5.17	1.07	0	3.51	3.15	5.17	11.87	2.70
P_{51}	21524	60802	67592	37610	57387	38014	31101	38794
P_{52}	22238	35262	29766	28602	31748	24279	23966	26226
P_{53}	9197	16331	15964	12309	11169	11511	9985	11872
P_{54}	36.17	37.52	37.92	38.79	33.07	40.91	38.50	49.73
P_{55}	0.83	2.63	2.80	1.31	2.32	0.82	0.76	0.94
P_{61}	37.55	41.29	35.65	36.70	43.56	33.53	42.21	39.19
P_{62}	70.15	76.60	98.55	80.15	85.62	70.55	74.50	83.83
P_{63}	9989	10111	21489	7720	8079	3794	10565	2955
P_{64}	57.14	89.49	99.60	68.86	92.29	73.52	82.15	93.87

表 2-8 2016 年安徽城市生态文明发展水平数据

指标	淮北	亳州	宿州	蚌埠	阜阳	淮南	滁州	合肥
P_{11}	0.74	0.36	0.50	0.41	0.69	0.77	0.49	0.35
P_{12}	4.49	10.66	10.17	15.16	17.29	22.56	22.94	31.50
P_{13}	56.19	101.90	75.23	109.39	123.34	234.06	161.23	50.20
P_{14}	33.33	80.82	64.28	35.20	55.29	228.83	47.74	24.58
P_{15}	143.23	464.69	428.43	242.84	432.00	283.33	491.15	458.50
P_{16}	167.66	598.94	572.96	377.46	648.45	340.62	715.88	558.83
P_{17}	95.98	97.15	87.52	98.42	85.15	76.79	77.31	73.65
P_{21}	17838.7	26636.0	39157.0	18870.9	58372.6	46574.9	30487.7	73871.2
P_{22}	2596.7	2544.6	4267.4	1854.5	6430.2	4563.4	4343.3	6603.5
P_{23}	31182	15170	31580	10258	25381	36826	12773	11180
P_{24}	32955	22178	41392	21140	39977	31193	41305	42492
P_{25}	100	100	100	100	99.13	100	100	100
P_{26}	97.97	94.09	98.05	99.51	94.20	97.47	96.26	99.38
P_{27}	4.66	3.93	2.63	2.04	2.07	2.34	2.03	2.60
P_{31}	66.1	70.8	62.6	67.8	66.4	74.9	65.8	69.1
P_{32}	87	83	86	90	88	85	77	83
P_{33}	632.67	495.45	581.21	813.52	569.68	853.63	496.88	498.49
P_{34}	19.43	12.60	41.97	16.06	11.02	36.03	7.97	8.45
P_{41}	19.18	17.78	25.56	16.74	18.63	9.56	16.77	14.03
P_{42}	282.80	886.44	1308.55	626.48	1023.18	365.40	1123.02	1113.20
P_{43}	0	0	2.09	1.63	2.56	0	2.46	0
P_{51}	36427	20611	24270	41855	17642	27990	35302	80138
P_{52}	27248	25053	25533	28653	25483	28098	26286	34852
P_{53}	10653	10576	9917	12591	9776	10848	10956	17059
P_{54}	35.95	41.58	42.82	41.61	38.65	40.55	34.44	44.99
P_{55}	1.25	0.47	0.45	2.11	0.64	1.34	1.76	3.10
P_{61}	43.76	31.08	38.52	34.98	33.63	38.14	38.18	38.44
P_{62}	81.12	56.57	63.99	80.58	34.39	41.08	78.12	89.51

（续表）

指标	淮北	亳州	宿州	蚌埠	阜阳	淮南	滁州	合肥
P_{63}	7328	4055	8183	23113	17441	12978	13481	64942
P_{64}	70.80	88.10	67.79	73.32	71.60	67.00	77.40	81.00

指标	六安	马鞍山	芜湖	宣城	铜陵	池州	安庆	黄山
P_{11}	0.49	1.29	0.45	0.57	0.76	0.82	0.51	0.33
P_{12}	23.52	33.26	30.29	14.48	14.20	10.36	25.11	4.66
P_{13}	212.25	222.66	112.21	136.89	148.34	175.89	163.99	80.79
P_{14}	77.34	376.53	120.13	54.01	180.17	234.76	117.64	48.04
P_{15}	429.51	147.85	196.58	200.66	82.63	106.79	274.62	54.65
P_{16}	520.35	174.96	268.19	248.47	94.05	138.42	379.07	68.69
P_{17}	40.07	91.02	91.62	77.15	92.37	88.34	97.33	79.50
P_{21}	33990.4	22740.0	29136.7	23770.3	16439.9	13830.5	32844.8	11745.3
P_{22}	4040.2	2680.7	4248.6	2766.3	1762.0	1708.0	4498.3	1438.7
P_{23}	7567	20591	34055	9280	12452	6220	9791	7261
P_{24}	23678	53747	62490	21178	28143	13518	24043	8189
P_{25}	100	100	100	100	100	100	100	100
P_{26}	98.42	99.64	93.56	94.34	93.10	93.90	95.85	94.54
P_{27}	2.52	2.55	1.81	2.67	3.16	5.08	2.07	4.68
P_{31}	81.4	74.3	80.3	81.6	77.3	79.3	73.4	97.3
P_{32}	73	75	75	68	78	66	71	45
P_{33}	367.27	450.83	669.92	510.61	594.59	432.76	537.10	535.65
P_{34}	10.65	20.36	9.52	15.16	19.93	39.10	24.10	44.96
P_{41}	45.67	18.63	21.20	59.12	25.95	61.64	40.90	83.25
P_{42}	3120.85	290.82	472.52	2925.08	353.22	2690.83	2584.04	4587.12
P_{43}	5.17	1.07	0	3.51	3.15	5.17	12.23	2.70
P_{51}	23298	65833	73715	40740	59960	40919	33294	41905
P_{52}	24728	38142	32315	30877	30633	26261	26502	28393
P_{53}	9960	17719	17307	13379	12054	12409	10814	12869
P_{54}	38.64	38.99	39.50	40.47	35.38	44.15	39.96	51.35

（续表）

指标	六安	马鞍山	芜湖	宣城	铜陵	池州	安庆	黄山
P_{55}	0.72	2.61	2.74	1.51	2.43	0.88	0.79	0.99
P_{61}	37.61	41.45	35.95	36.72	42.12	34.46	42.25	38.67
P_{62}	87.38	77.86	97.95	80.64	78.47	71.69	73.89	82.41
P_{63}	9854	9458	20131	7554	7858	3857	9862	2701
P_{64}	66.51	99.40	95.30	88.00	82.00	85.00	84.09	89.34

二、城市生态文明发展水平比较分析

根据 2013—2016 年安徽城市生态文明发展水平指标数据及指标权重，利用层次分析的理论计算得到城市生态文明发展水平的综合评价值，对安徽城市生态文明发展水平进行比较分析。

（一）城市生态文明发展总体水平分析

根据数据及理论，利用 MATLAB 软件得到安徽城市生态文明发展总体水平综合评价值及排名，见表 2 - 9 所列，据此对 2013—2016 年安徽城市生态文明发展总体水平进行比较分析。

表 2 - 9　2013—2016 年安徽城市生态文明发展总体水平综合评价值及排名

年份	2013		2014		2015		2016	
变量	评价值	排名	评价值	排名	评价值	排名	评价值	排名
合肥	0.6114	2	0.6218	2	0.6510	2	0.6726	2
淮北	0.5293	10	0.4989	10	0.5175	12	0.5315	13
亳州	0.4970	13	0.4727	13	0.4997	13	0.5325	12
宿州	0.4823	14	0.4703	14	0.4882	14	0.5030	14
蚌埠	0.5102	11	0.4922	12	0.5223	11	0.5607	9
阜阳	0.5072	12	0.4614	15	0.4826	15	0.4888	15
淮南	0.4386	16	0.4257	16	0.4550	16	0.4279	16
滁州	0.5350	9	0.5359	8	0.5551	9	0.5677	8
六安	0.5426	7	0.5424	7	0.5678	7	0.6006	5
马鞍山	0.4588	15	0.4962	11	0.5304	10	0.5425	11

（续表）

年份	2013		2014		2015		2016	
芜湖	0.5393	8	0.5339	9	0.5612	8	0.5694	7
宣城	0.5594	5	0.5641	4	0.5791	5	0.6136	4
铜陵	0.5759	3	0.5576	6	0.5714	6	0.5468	10
池州	0.5500	6	0.5583	5	0.5926	3	0.6154	3
安庆	0.5711	4	0.5647	3	0.5810	4	0.5966	6
黄山	0.7132	1	0.7078	1	0.7159	1	0.7224	1

由表 2-9 可知，2013—2016 年，安徽城市生态文明发展水平经过评价后均是黄山市的生态文明发展水平最优，其次是合肥，淮南市的生态文明发展水平在四年间的评价结果均为末位，其他城市呈波动变化。由于生态文明建设体系选取的指标较多，排名靠前的黄山、宣城等市 GDP 发展水平虽然不如芜湖、马鞍山等市，但是其生态环境较好，有着丰富的自然资源，为城市生态文明的建设奠定坚实的环境基础。

（二）城市生态文明发展水平评价体系准则层分析

1. 资源利用评价

2013—2016 年安徽城市生态文明发展水平评价体系资源利用准则层的综合评价值及排名见表 2-10 所列。

表 2-10 2013—2016 年安徽城市生态文明发展水平评价体系资源利用准则层的综合评价值及排名

年份	2013		2014		2015		2016	
变量	评价值	排名	评价值	排名	评价值	排名	评价值	排名
合肥	0.7601	1	0.8031	1	0.8168	1	0.7928	1
淮北	0.6739	3	0.6190	4	0.6494	4	0.6542	4
亳州	0.6753	2	0.6650	2	0.6870	2	0.7009	2
宿州	0.5944	6	0.5887	6	0.6374	5	0.6735	3
蚌埠	0.5638	8	0.5766	9	0.5845	7	0.6116	6
阜阳	0.5982	5	0.5858	7	0.6192	6	0.6059	7
淮南	0.3599	13	0.3550	13	0.4496	13	0.3976	13

（续表）

年份	2013		2014		2015		2016	
滁州	0.5998	4	0.6400	3	0.6628	3	0.6403	5
六安	0.5490	9	0.5905	5	0.5204	9	0.4898	9
马鞍山	0.2808	16	0.2832	16	0.3068	16	0.3075	16
芜湖	0.4640	11	0.4553	12	0.4706	12	0.4629	12
宣城	0.4433	12	0.4655	11	0.4827	10	0.4645	11
铜陵	0.3439	14	0.3251	15	0.3772	15	0.3520	15
池州	0.3365	15	0.3294	14	0.3780	14	0.3622	14
安庆	0.4982	10	0.5080	10	0.4814	11	0.4885	10
黄山	0.5920	7	0.5858	8	0.5692	8	0.5875	8

从资源利用方面来看，安徽各城市之间的资源利用综合评价值变化较大。综合 2013—2016 年各城市资源利用综合评价值及排名看，每个城市自身在四年时间内资源利用程度的变化不大，其中合肥的资源利用程度最高。合肥作为安徽省省会，其发展能力与经济实力较强，对资源利用的投入更大，使得资源得到更加合理的利用。亳州相较于其他城市在资源利用方面占有较大优势，这与其天然的地理优势是分不开的，亳州地理环境卓越，有着深厚的文化底蕴，适合发展旅游业，对资源的利用也就更加合理化、生态化。而经济实力较强的马鞍山、铜陵、芜湖等城市的资源利用程度却没有那么高，这在一定程度上也阻碍了城市生态文明的建设。

2. 环境治理评价

2013—2016 年安徽城市生态文明发展水平评价体系环境治理准则层的综合评价值及排名见表 2-11 所列。

表 2-11　2013—2016 年安徽城市生态文明发展水平评价体系环境治理准则层的综合评价值及排名

年份	2013		2014		2015		2016	
变量	评价值	排名	评价值	排名	评价值	排名	评价值	排名
合肥	0.4493	13	0.3640	15	0.4151	15	0.5195	12
淮北	0.4753	7	0.4471	7	0.5000	6	0.6518	5

（续表）

年份	2013		2014		2015		2016	
亳州	0.4720	8	0.4294	9	0.4783	9	0.6436	7
宿州	0.4123	16	0.3806	13	0.4220	14	0.5050	13
蚌埠	0.5314	4	0.4632	5	0.5079	4	0.6848	4
阜阳	0.5177	5	0.3566	16	0.4005	16	0.4600	16
淮南	0.4402	15	0.3972	12	0.4489	12	0.4913	14
滁州	0.4517	12	0.3996	11	0.4561	11	0.5384	11
六安	0.4641	10	0.4841	4	0.4836	8	0.6221	8
马鞍山	0.4626	11	0.4399	8	0.5047	5	0.5730	10
芜湖	0.4642	9	0.3706	14	0.4413	13	0.4788	15
宣城	0.4872	6	0.4505	6	0.4976	7	0.6193	6
铜陵	0.6924	2	0.6753	2	0.7735	2	0.6971	3
池州	0.5955	3	0.5748	3	0.6792	3	0.8917	2
安庆	0.4473	14	0.4052	10	0.4629	10	0.5749	9
黄山	0.9061	1	0.8892	1	0.9161	1	0.9613	1

从环境治理方面来看，2013—2016年环境治理综合评价值在四年间有较大差异，部分城市自身排名变化也较大。总的来看，黄山、铜陵、池州和蚌埠较其他城市有较大优势，尤其是黄山市的环境治理综合评价值每年都远高于其他城市。生态文明指标体系中环境治理主要是空气、污水中污染物的排放量以及环境保护的投入，由此可见，安徽省多数城市的环境治理都做得比较好，这说明政府在追求经济发展的同时，越来越注重对环境的保护，走可持续的发展道路。

3. 环境质量评价

2013—2016年安徽城市生态文明发展水平评价体系环境质量准则层的综合评价值及排名见表2-12所列。

从环境质量方面来看，安徽各城市之间的环境质量综合评价值变化明显，各城市环境质量评价值每年的排名变化也略有不同。综合来看，滁州的环境质量相较于其他城市更具优势，六安的环境质量进步最为明显，而自然生态条件优越的黄山、池州等城市的环境质量优势却不突出。虽然黄山等城市的生态环境环境良好，甚至超过合肥等地，但是选取的环境质量评价指标还包括了单位耕地面积的化肥与农药使用量。这不仅仅是自然的环境质量，也包含了人类活动对环境的改变，所以说环境质量与人类活动有着密切关系。

表2-12 2013—2016年安徽城市生态文明发展水平评价体系环境质量准则层的综合评价值及排名

年份	2013		2014		2015		2016	
变量	评价值	排名	评价值	排名	评价值	排名	评价值	排名
合肥	0.6789	7	0.7131	7	0.7225	4	0.7331	3
淮北	0.7536	4	0.6495	11	0.5674	13	0.5468	13
亳州	0.8378	2	0.7260	4	0.6819	9	0.6609	7
宿州	0.6509	11	0.5996	13	0.5468	15	0.4971	15
蚌埠	0.6363	12	0.5696	14	0.5597	14	0.5361	14
阜阳	0.8520	1	0.7152	6	0.7131	6	0.6404	9
淮南	0.5087	16	0.4862	16	0.5160	16	0.4877	16
滁州	0.7713	3	0.8285	1	0.7737	2	0.7500	2
六安	0.6978	6	0.6593	10	0.7755	1	0.8004	1
马鞍山	0.6180	13	0.6615	9	0.6481	10	0.6424	8
芜湖	0.6618	9	0.7186	5	0.6880	7	0.7027	5
宣城	0.6601	10	0.7129	8	0.6821	8	0.6864	6
铜陵	0.6153	14	0.5174	15	0.5821	12	0.5972	12
池州	0.6782	8	0.7710	2	0.7417	3	0.6373	10
安庆	0.5804	15	0.6420	12	0.6248	11	0.6007	11
黄山	0.7252	5	0.7386	3	0.7222	5	0.7157	4

4. 生态保护评价

2013—2016年安徽城市生态文明发展水平评价体系生态保护准则层的综合评价值及排名见表2-13所列。

表 2-13　2013—2016 年安徽城市生态文明发展水平评价体系生态保护准则层的综合评价值及排名

年份	2013		2014		2015		2016	
变量	评价值	排名	评价值	排名	评价值	排名	评价值	排名
合肥	0.1072	13	0.1159	12	0.1213	13	0.1371	11
淮北	0.0967	16	0.0936	15	0.0963	15	0.0973	15
亳州	0.1468	11	0.1315	11	0.1337	12	0.1356	12
宿州	0.2775	6	0.2521	6	0.2533	6	0.2544	6
蚌埠	0.1811	10	0.1638	10	0.1662	10	0.1570	10
阜阳	0.2155	9	0.2220	8	0.2209	7	0.2187	7
淮南	0.1011	15	0.0542	16	0.0622	16	0.0648	16
滁州	0.2234	8	0.2040	9	0.2058	9	0.2158	8
六安	0.5373	5	0.5283	5	0.5572	4	0.5505	4
马鞍山	0.1177	12	0.1119	13	0.1424	11	0.1249	13
芜湖	0.1030	14	0.1000	14	0.1022	14	0.1192	14
宣城	0.5486	4	0.5296	4	0.5406	5	0.5449	5
铜陵	0.2421	7	0.2278	7	0.2099	8	0.2154	9
池州	0.6043	3	0.5845	3	0.5862	3	0.5832	3
安庆	0.7021	2	0.6855	2	0.6936	2	0.6848	2
黄山	0.7424	1	0.7424	1	0.7424	1	0.7402	1

　　从生态保护方面来看，安徽各城市之间的生态保护综合评价值波动较大，但每个城市自身在四年时间内生态保护综合评价值几乎没有变化。黄山、安庆、池州、宣城、六安较其他城市有较大优势，这与政府着力加重生态保护息息相关。本章选取的生态保护指标主要是为了评价森林资源及自然保护区。从整体看各城市，除安庆、黄山、池州、宣城、六安这五个城市在四年间的生态保护综合评价值高于0.5外，其他10个城市四年间的综合评价值都低于0.3，这说明安徽省除个别城市外，其他各城市的生态保护政策实施效果差不多，安徽省政府十分注重生态保护。

5. 增长质量评价

2013—2016 年安徽城市生态文明发展水平评价体系增长质量准则层的综合评价值及排名见表 2-14 所列。

表 2-14 2013—2016 年安徽城市生态文明发展水平评价体系增长质量准则层的综合评价值及排名

年份	2013		2014		2015		2016	
变量	评价值	排名	评价值	排名	评价值	排名	评价值	排名
合肥	0.8518	1	0.8661	2	0.9460	1	0.9505	1
淮北	0.5417	11	0.5317	11	0.5821	11	0.5747	11
亳州	0.4696	14	0.4664	13	0.4913	15	0.4945	15
宿州	0.4672	15	0.4519	14	0.4942	14	0.5022	13
蚌埠	0.6134	7	0.6207	6	0.6856	5	0.6950	5
阜阳	0.4443	16	0.4448	16	0.4726	16	0.4798	16
淮南	0.6136	6	0.6428	5	0.6183	8	0.5840	10
滁州	0.5763	9	0.5423	10	0.5906	10	0.5973	9
六安	0.4711	13	0.4482	15	0.4968	13	0.4972	14
马鞍山	0.8164	3	0.8026	3	0.8875	2	0.8846	2
芜湖	0.7540	4	0.7823	4	0.8830	3	0.8794	3
宣城	0.6013	8	0.6063	8	0.6567	7	0.6696	6
铜陵	0.8435	2	0.8829	1	0.7570	4	0.7409	4
池州	0.5701	10	0.5594	9	0.6003	9	0.6086	8
安庆	0.5048	12	0.4881	12	0.5473	12	0.5507	12
黄山	0.6343	5	0.6157	7	0.6611	6	0.6626	7

从增长质量方面来看，安徽各城市之间的增长质量综合评价值变化幅度较大，城市增长质量在四年间的变化趋势相同。合肥、芜湖和马鞍山的增长质量相较于其他城市更具优势，这说明合肥、芜湖、马鞍山的政府较为注重经济的发展。增长质量主要评价经济增长与资源环境之间的关系，合肥、芜湖、马鞍山三个城市的经济增长与资源环境相较于其他城市更加协调。

6. 绿色生活评价

2013—2016 年安徽城市生态文明发展水平评价体系绿色生活准则层的综合评价值及排名见表 2 - 15 所列。

表 2 - 15　2013—2016 年安徽城市生态文明发展水平评价体系绿色生活准则层的综合评价值及排名

年份	2013		2014		2015		2016	
变量	评价值	排名	评价值	排名	评价值	排名	评价值	排名
合肥	0.8206	1	0.8677	1	0.8835	1	0.9018	1
淮北	0.6339	6	0.6518	7	0.7091	4	0.6633	10
亳州	0.3798	16	0.4177	16	0.5252	15	0.5591	14
宿州	0.4910	13	0.5481	12	0.5750	12	0.5854	13
蚌埠	0.5347	11	0.5585	11	0.6289	10	0.6789	5
阜阳	0.4148	15	0.4435	15	0.4689	16	0.5271	16
淮南	0.6076	8	0.6182	9	0.6346	9	0.5412	15
滁州	0.5867	9	0.6005	10	0.6410	8	0.6641	9
六安	0.5358	10	0.5432	13	0.5726	13	0.6431	11
马鞍山	0.4569	14	0.6773	4	0.6920	5	0.7219	3
芜湖	0.7880	2	0.7761	2	0.7814	2	0.7726	2
宣城	0.6151	7	0.6189	8	0.6144	11	0.6660	8
铜陵	0.7177	3	0.7168	3	0.7277	3	0.6774	6
池州	0.5148	12	0.5299	14	0.5695	14	0.6085	12
安庆	0.6932	4	0.6585	6	0.6752	7	0.6794	4
黄山	0.6786	5	0.6746	5	0.6838	6	0.6664	7

从绿色生活方面来看，安徽各城市之间的绿色生活综合评价值变化幅度较大，每个城市自身在四年间绿色生活综合评价值变化较小。合肥较其他城市有较大优势，其绿色生活的综合评价值在过去四年每年都超过 0.8。生态文明指标体系中的绿色生活指标反映城市的绿色发展、低碳生活以及生活方式的改善，除合肥的绿色生活综合评价值高，安徽其他城市的绿色生活综合评价值均在 0.35 以上，这说明安徽全省都在逐渐遵循绿色健康的生活方式。

（三）城市生态文明发展水平比较分析

根据安徽城市生态文明发展水平评价体系的目标层与准则层指标综合评价值及排名结果，对安徽省每个城市的生态文明发展水平进行纵向的比较分析，探究每个城市生态文明发展的潜力。安徽省各城市生态文明发展水平结果排名见表 2 - 16、表 2 - 17、表 2 - 18、表 2 - 19、表 2 - 20、表 2 - 21、表 2 - 22、表 2 - 23 所列。

表 2 - 16　2013—2016 年城市生态文明发展水平排名（一）

城市	合肥				淮北			
年份	2013	2014	2015	2016	2013	2014	2015	2016
总体水平	2	2	2	2	10	10	12	13
资源利用	1	1	1	1	3	4	4	4
环境治理	15	15	15	12	7	7	6	5
环境质量	7	7	4	3	4	11	13	13
生态保护	12	12	13	11	16	15	15	15
增长质量	2	2	1	1	11	11	11	11
绿色生活	1	1	1	1	6	7	4	10

表 2 - 17　2013—2016 年城市生态文明发展水平排名（二）

城市	亳州				宿州			
年份	2013	2014	2015	2016	2013	2014	2015	2016
总体水平	13	14	13	12	14	12	14	14
资源利用	2	6	2	2	6	9	5	3
环境治理	8	13	9	7	16	5	14	13
环境质量	2	13	9	7	11	14	15	15
生态保护	11	6	12	12	6	10	6	6
增长质量	14	14	15	15	15	6	14	13
绿色生活	16	12	15	14	13	11	12	13

表2-18 2013—2016年城市生态文明发展水平排名（三）

城市	蚌埠				阜阳			
年份	2013	2014	2015	2016	2013	2014	2015	2016
总体水平	11	15	11	9	12	15	15	15
资源利用	8	7	7	6	5	7	6	7
环境治理	4	16	4	4	5	16	16	16
环境质量	12	6	14	14	1	6	6	9
生态保护	10	8	10	10	9	8	7	7
增长质量	7	16	5	5	16	16	16	16
绿色生活	11	15	10	5	15	15	16	16

表2-19 2013—2016年城市生态文明发展水平排名（四）

城市	淮南				滁州			
年份	2013	2014	2015	2016	2013	2014	2015	2016
总体水平	16	16	16	16	9	8	9	8
资源利用	13	13	13	13	4	3	3	5
环境治理	15	12	12	14	12	11	11	11
环境质量	16	16	16	16	3	1	2	2
生态保护	15	16	16	16	8	9	9	8
增长质量	6	5	8	10	9	10	10	9
绿色生活	8	9	9	15	9	10	8	9

表2-20 2013—2016年城市生态文明发展水平排名（五）

城市	六安				马鞍山			
年份	2013	2014	2015	2016	2013	2014	2015	2016
总体水平	7	7	7	5	15	11	10	11
资源利用	9	5	9	9	16	16	16	16
环境治理	10	4	8	8	11	8	5	10

（续表）

城市	六安				马鞍山			
环境质量	6	10	1	1	13	9	10	8
生态保护	5	5	4	4	12	13	11	13
增长质量	13	15	13	14	3	3	2	2
绿色生活	10	13	13	11	14	4	5	3

表 2-21 2013—2016 年城市生态文明发展水平排名（六）

城市	芜湖				宣城			
年份	2013	2014	2015	2016	2013	2014	2015	2016
总体水平	8	9	8	7	5	4	5	4
资源利用	11	12	12	12	12	11	10	11
环境治理	9	14	13	15	6	6	7	6
环境质量	9	5	7	5	10	8	8	6
生态保护	14	14	14	14	4	4	5	5
增长质量	4	4	3	3	8	8	7	6
绿色生活	2	2	2	2	7	8	11	8

表 2-22 2013—2016 年城市生态文明发展水平排名（七）

城市	铜陵				池州			
年份	2013	2014	2015	2016	2013	2014	2015	2016
总体水平	3	6	6	10	6	5	3	3
资源利用	14	15	15	15	15	14	14	14
环境治理	2	2	2	3	3	3	3	2
环境质量	14	15	12	12	8	2	3	10
生态保护	7	7	8	9	3	3	3	3
增长质量	2	1	4	4	10	9	9	8
绿色生活	3	3	3	6	12	14	14	12

表2-23 2013—2016年城市生态文明发展水平排名（八）

城市	安庆				黄山			
年份	2013	2014	2015	2016	2013	2014	2015	2016
总体水平	4	3	4	6	1	1	1	1
资源利用	10	10	11	10	7	8	8	8
环境治理	14	10	10	9	1	1	1	1
环境质量	15	12	11	11	5	3	5	4
生态保护	2	2	2	2	1	1	1	1
增长质量	12	12	12	12	5	7	6	7
绿色生活	4	6	7	4	5	5	6	7

根据表2-16～表2-23的2013—2016年城市生态文明发展水平排名，对城市总体水平排名按照名次上升、名次下降、名次不变、名次波动进行分类，结果如图2-2所示。

图2-2 城市生态文明发展水平分类

由图2-2可知，六安和池州两市的生态文明发展水平在2013—2016年呈上升趋势。由上述表格描述可知，六安从第七名上升至第五名，池州从第六名上升至第三名，这两座城市的生态文明发展水平具有较大潜力。六安生态文明发展总体水平名次的上升主要是由于环境治理、环境质量和绿色生活名次的上升，尤其是环境质量名次的上升对六安生态文明发展总体水平名次的上升有着重要作用，说明过去几年六安致力于城市环境工作，从而带动生态文明发展。池州生态文明发展总体水平名次的上升主要是由于资源利用、环境治理和增长质量名次的上升，且这些指标名次上升的幅度都差不多，说明池州在过去几年较为注重生态文明的整体发展，全面建设城市生态文明。

淮北、阜阳和铜陵三市的生态文明发展水平在 2013—2016 年呈下降趋势，淮北从第十名下降至第十三名，阜阳从第十二名下降至第十五名，铜陵从第三名下降至第十名，三市的生态文明发展水平在过去四年间一直在倒退，尤其是铜陵退步较为明显。淮北生态文明发展总体水平名次下降主要是由于资源利用、环境质量、绿色生活名次的下降，特别是环境质量名次下降的较为突出，说明淮北在过去几年的生态文明发展过程中忽视了环境问题，造成环境质量名次落后。阜阳生态文明发展总体水平名次下降主要是由于资源利用、环境治理、环境质量、绿色生活名次的下降，尤其是环境治理与环境质量名次的下降，这说明阜阳在过去几年的发展进程中，忽视了环境保护的问题。铜陵生态文明发展总体水平名次下降是由于资源利用、环境治理、生态保护、增长质量、绿色生活的名次均有下降，从而使得整体生态文明发展水平名次下降。

合肥、淮南、黄山三市的生态文明发展水平在 2013—2016 年没有变化，合肥名次为第二名，淮南为第十六名，黄山为第一名。

亳州、宿州、蚌埠、滁州、马鞍山、芜湖、宣城、安庆这八座城市的生态文明发展水平在 2013—2016 年呈波动变化。总的来看，安庆的生态文明发展总体水平呈下降趋势，宿州的生态文明发展总体水平不变，其他六市的生态文明发展总体水平呈上升趋势。安庆生态文明发展总体水平名次下降的主要原因是环境质量名次的下降。亳州生态文明发展总体水平名次上升的主要原因是环境治理和绿色生活名次的上升；蚌埠生态文明发展总体水平名次上升的主要原因是资源利用、增长质量、绿色生活名次的上升，尤其是绿色生活；滁州生态文明发展总体水平名次上升的主要原因是环境治理和环境质量名次的上升；

马鞍山生态文明发展总体水平名次上升的主要原因是环境治理、环境质量、增长质量、绿色生活名次的上升，尤其是绿色生活；芜湖生态文明发展总体水平名次上升的主要原因是环境治理和增长质量名次的上升，尤其是环境治理；宣城生态文明发展总体水平名次上升的主要原因是资源利用、环境质量、增长质量名次的上升。由此可见，环境治理、环境质量、绿色生活指标名次的提升对城市生态文明发展水平名次的提升有着重要作用。

第四节　安徽生态文明发展水平区域差异分析

本节根据上一节中得到的安徽城市生态文明发展水平评价结果，对城市进行区域划分，分析安徽区域生态文明发展水平，并采用泰尔指数对区域生态文明发展的不平衡性进行比较，分析区域之间及区域内部生态文明发展水平的差异性。

一、安徽区域生态文明发展水平

安徽省不同城市在资源禀赋、经济结构、工业化进程等多方面存在着显著差异，使得全省各城市生态文明建设也表现出显著的差异。因此，深入探究安徽省区域生态文明建设差异对推进全省生态文明建设具有重要的现实意义。纵观安徽省全境，以自然区域为划分条件，大致可划分为皖北、皖中、皖南三大区域。皖北地区指淮河以北的区域，包括淮北、亳州、宿州、蚌埠、阜阳和淮南；皖中地区指淮河以南与长江以北的江淮地区，包括滁州、合肥、六安、安庆；皖南地区指长江以南地区，包括马鞍山、芜湖、宣城、铜陵、池州和黄山。

根据表2-9～表2-15所列的安徽城市生态文明发展水平综合评价结果，按照皖北、皖中、皖南三个区域分类，求得各区域生态文明发展水平综合评价值均值，结果见表2-24所列。

表 2-24　2013—2016 年安徽区域生态文明发展水平

年份	2013			2014		
区域	皖北	皖中	皖南	皖北	皖中	皖南
总体水平	0.4941	0.5650	0.5661	0.4702	0.5662	0.5697
资源利用	0.5776	0.6018	0.4101	0.5650	0.6354	0.4074
环境治理	0.4748	0.4531	0.6013	0.4123	0.4132	0.5667
环境质量	0.7066	0.6821	0.6598	0.6243	0.7107	0.6867
生态保护	0.1698	0.3925	0.3930	0.1529	0.3834	0.3827
增长质量	0.5250	0.6010	0.7033	0.5264	0.5862	0.7082
绿色生活	0.5103	0.6591	0.6285	0.5396	0.6675	0.6656
年份	2015			2016		
区域	皖北	皖中	皖南	皖北	皖中	皖南
总体水平	0.4942	0.5887	0.5918	0.5074	0.6094	0.6017
资源利用	0.6045	0.6203	0.4307	0.6073	0.6028	0.4228
环境治理	0.4596	0.4544	0.6354	0.5727	0.5637	0.7085
环境质量	0.5975	0.7241	0.6774	0.5615	0.7210	0.6636
生态保护	0.1554	0.3945	0.3873	0.1546	0.3970	0.3880
增长质量	0.5574	0.6452	0.7409	0.5550	0.6489	0.7409
绿色生活	0.5903	0.6931	0.6781	0.5925	0.7221	0.6855

　　从区域生态文明发展的角度看，2013 年皖北、皖中、皖南地区的综合评价值平均值为 0.4941、0.5650、0.5661；2014 年皖北、皖中、皖南地区的综合评价值平均值为 0.4702、0.5662、0.5697；2015 年皖北、皖中、皖南地区的综合评价值平均值为 0.4942、0.5887、0.5918；2016 年皖北、皖中、皖南地区的综合评价值平均值为 0.5074、0.6094、0.6017。由此，2013—2015 年皖北、皖中与皖南地区城市生态文明发展总体水平综合评价值的均值依次递增，2016 年皖中地区超过皖南地区。总的来看，皖北地区人口密度大，经济总量不够大，产业实力不够强，整体生态质量不高，因此相较于皖中与皖南地区，皖北地区的生态环境较差，其生态文明建设还面临"底子不厚，

底气不足"的问题。皖南地区经济发展平衡，旅游资源丰富，自然环境优越，生态文明建设较好。皖中地区有着深厚的历史积淀，相较于皖南与皖北地区，皖中率先进行生态文明建设，所以皖中的生态文明水平发展态势较好。

从资源利用方面来看，2013年皖北、皖中、皖南地区资源利用平均综合评价值分别为0.5776、0.6018、0.4101；2014年皖北、皖中、皖南地区资源利用平均综合评价值分别为0.5650、0.6354、0.4074；2015年皖北、皖中、皖南地区资源利用平均综合评价值分别为0.6045、0.6203、0.4307；2016年皖北、皖中、皖南地区资源利用平均综合评价值分别为0.6073、0.6028、0.4228。皖中与皖北地区的资源利用程度要高于皖南地区，这与皖中和皖北的经济快速发展有着密切关系。皖南城市在未来的发展中，应该更加注意对资源的合理利用，减少资源浪费。

从环境治理方面来看，2013年皖北、皖中、皖南地区环境治理的综合评价值平均值分别为0.4748、0.4531、0.6013；2014年皖北、皖中、皖南地区环境治理的综合评价值平均值分别为0.4123、0.4132、0.5667；2015年皖北、皖中、皖南地区环境治理的综合评价值平均值分别为0.4596、0.4544、0.6354；2016年皖北、皖中、皖南地区环境治理的综合评价值平均值分别为0.5727、0.5637、0.7085。除2014年皖中地区环境治理的综合评价值平均值高于皖北地区，其他三年皖中、皖北、皖南地区环境治理的综合评价值平均值都是逐渐递增的。相较于皖北与皖中地区，皖南地区更加注重于环境保护，因此皖北和皖中在今后的发展道路上，要正确处理经济发展同生态环境保护之间的关系，制定合理的方针政策，牢固树立保护生态环境就是保护生产力、改善生态环境就是发展生产力的理念，加大环境治理力度，自觉推动绿色发展、循环发展、低碳发展。

从环境质量方面来看，2013年皖北、皖中、皖南地区环境质量的平均综合评价值分别为0.7066、0.6821、0.6598；2014年皖北、皖中、皖南地区环境质量的平均综合评价值分别为0.6243、0.7107、0.6867；2015年皖北、皖中、皖南地区环境质量的平均综合评价值分别为 0.5975、0.7241、0.6774；2016 年皖北、皖中、皖南地区环境质量的平均综合评价值分别为 0.5615、0.7210、0.6636。2013 年皖北地区环境质量高于皖中和皖南地区，而 2014—2016 年皖中地区环境质量最好，皖南次之，皖北环境质量相对较差。这说明皖中地区人类活动和生态环境的关系相较于皖北与皖南地区更加和谐，充分表明人与自然和谐相处的道理。

从生态保护方面来看，2013 年皖北、皖中、皖南地区生态保护的综合评价值平均值分别为 0.1698、0.3925、0.3930；2014 年皖北、皖中、皖南地区生态保护的综合评价值平均值分别为 0.1529、0.3834、0.3827；2015 年皖北、皖中、皖南地区生态保护的综合评价值平均值分别为 0.1554、0.3945、0.3873；2016 年皖北、皖中、皖南地区生态保护的综合评价值平均值分别为 0.1546、0.3970、0.3880。相较于皖中和皖南地区，皖北地区的生态保护综合评价值均值较低，皖中与皖南地区的生态保护综合评价值较为接近。

从增长质量方面来看，2013 年皖北、皖中、皖南地区增长质量的平均综合评价值分别为 0.5250、0.6010、0.7033；2014 年皖北、皖中、皖南地区增长质量的平均综合评价值分别为 0.5264、0.5862、0.7082；2015 年皖北、皖中、皖南地区增长质量的平均综合评价值分别为 0.5574、0.6452、0.7409；2016 年皖北、皖中、皖南地区增长质量的平均综合评价值分别为 0.5550、0.6489、0.7409。因此，皖南地区经济发展最好，皖中次之，最后是皖北。皖南地区的经济增长优于皖中、皖北地区，在保持经济增长的同时，注重经济与资源的协调发展，而皖北地区在今后的发展进程中，不仅需要大力发展经济，加快经济发展的步伐，还要做到经济增长与资源环境协调发展。

从绿色生活方面来看，2013 年皖北、皖中、皖南地区绿色生活的综合评价值平均值分别为 0.5103、0.6591、0.6285；2014 年皖北、皖中、皖南地区绿色生活的综合评价值平均值分别为 0.5396、0.6675、0.6656；2015 年皖北、皖中、皖南地区绿色生活的综合评价值平均值分别为 0.5903、0.6931、0.6781；2016 年皖北、皖中、皖南地区绿色生活的综合评价值平均值分别为 0.5925、0.7221、0.6855。相较于皖北与皖南地区，皖中地区更加注重绿色生活，因此安徽在今后的发展道路上，要着力推行绿色低碳、文明健康的生活方式。

二、泰尔指数

目前，关于区域发展差异的研究多采用极差、变异系数、洛伦兹曲线、基尼系数等，本节采用泰尔指数测度安徽省区域生态文明建设的不平衡性，对地区间差异和地区内差异对总差异的贡献率进行分解，分析两种差异对总差异的影响程度。

泰尔指数是从信息量与熵发展而来，用于考察不同族群数据的差异性，如果事件 E 由 E_1，E_2，$\cdots$，E_n 组成一个完备事件组，它们各自发生的概率为 x_1，x_2，$\cdots$，x_n，且 $\sum\limits_{i=1}^{n} x_i = 1$，那么熵或平均的期望信息量可以被看作每个事件的信息量与其相应概率乘积的总和：

$$S(x) = \sum_{i=1}^{n} x_i s(x_i) = \sum_{i=1}^{n} x_i \ln(1/x_i) = -\sum_{i=1}^{n} x_i \ln x_i$$

若事件 E_i 的概率越趋近于 $\dfrac{1}{n}$，熵值就越大。如果将以上理论用于数据差异测度，E_i 可理解为一组数据中的某一数据，$E = \sum\limits_{i=1}^{n} E_i$；$x_i$ 被解释为份额，即 $x_i = E_i/E$。同理，数组中每个数据越平均，x_i 越大，如果每个 $x_i = \dfrac{1}{n}$，x_i 达到最大值 $\ln(n)$。本节将 $\ln(n) - x_i$ 定义为不平等指数：

$$T = \ln(n) - x_i = \frac{1}{n} \sum_{i=1}^{n} (\frac{E_i}{E}) \ln(\frac{E_i}{E}) = \frac{1}{n} \sum_{i=1}^{n} x_i \ln x_i$$

在进行数据分析时，经常需要对一组数据按照一定的规则分为若干组数据，本节假设一组数据分为 m 小组数据，第 m 小组的数据样本量、数据之和分别为 N_m 和 Y_m，第 m 小组内第 p 个样本值为 Y_{mp}，则有以下等式成立：

$$N = \sum_{m=1}^{M} N_m \; ; \; Y = \sum_{m=1}^{M} Y_m = \sum_{p=1}^{N_m} Y_{mp}$$

则：

$$T = \sum_{m=1}^{M} \sum_{p=1}^{N_m} \frac{Y_{mp}}{Y} \ln \left(\frac{Y_{mp}/Y}{1/N} \right)$$

$$= \sum_{m=1}^{M} \frac{Y_m}{Y} \ln \left(\frac{Y_m/Y}{N_m/N} \right) + \sum_{m=1}^{M} \frac{Y_m}{Y} \sum_{p=1}^{N_m} \frac{Y_{mp}}{Y_m} \ln \left(\frac{Y_{mp}/Y_g}{1/N_g} \right)$$

令 $T^B = \sum_{m=1}^{M} \frac{Y_m}{Y} \ln \left(\frac{Y_m/Y}{N_m/N} \right)$，$T^W = \sum_{m=1}^{M} \frac{Y_m}{Y} \sum_{p=1}^{N_m} \frac{Y_{mp}}{Y_m} \ln \left(\frac{Y_{mp}/Y_g}{1/N_g} \right)$，则 T

$= T^B + T^W$

这样，泰尔指数就分解为组间差距 T^B 和组内差距 T^W。则组间贡献率：$C^B = T^B/T$，组内贡献率：$C^W = T^W/T$。

本节将泰尔指数应用于安徽省生态文明区域差异分析，Y_{mp} 为第 m 区域内第 p 个省的生态文明综合评价值，N_m 表示为第 m 区域内被评价省份的样本数量，Y_m 表示为第 m 区域内所有评价省份的生态文明综合评价值之和。

三、安徽生态文明发展水平区域差异性

关于区域生态文明发展水平的差异分两种情况进行分析：一是分析皖北、皖中、皖南三个地区内部的差异；二是分析皖北、皖中、皖南三个地区之间的差异。在此基础上对地区间差异和地区内差异对总差异的贡献率进行分解。根据表 2-24 安徽区域生态文明发展水平，计算 2013—2016 年安徽区域生态文明发展水平的泰尔指数，见表 2-25所列。

表 2-25 2013—2016 年安徽区域生态文明发展水平的泰尔指数

年份	全省	皖北	皖中	皖南
2013	0.0065	0.0017	0.0014	0.0087
2014	0.0075	0.0013	0.0018	0.0064

（续表）

年份	全省	皖北	皖中	皖南
2015	0.0064	0.0011	0.0019	0.0047
2016	0.0072	0.0036	0.0020	0.0050

由表 2-25 可知，安徽省生态文明发展水平的泰尔指数呈波动变化，但总体呈上升趋势，由 2013 年的 0.0065 上升到 2016 年的 0.0072，说明全省生态文明发展水平的地区差异在不断扩大。

就不同地区而言，皖北地区总体呈现"下降—上升"的趋势，其中 2013—2015 年的泰尔指数呈下降趋势，说明这一时期皖北地区内部不同城市之间的生态文明发展水平差异在缩小，而 2016 年的泰尔指数又出现上升趋势，反映了皖北地区内部不同城市之间的生态文明发展水平差异扩大的现象。2013—2016 年皖中地区生态文明发展水平的泰尔指数呈不断上升的趋势，说明皖中地区内部不同城市之间的生态文明发展水平差异不断扩大，从侧面反映出皖中地区城市的生态文明发展不平衡。皖南地区生态文明发展水平的泰尔指数呈"下降—上升"的趋势，其中 2013—2015 年泰尔指数呈下降趋势，说明这一时期皖南地区内部不同城市之间的生态文明发展水平差异在缩小，而 2016 年泰尔指数又出现上升趋势，反映了皖南地区内部不同城市之间的生态文明发展水平差异在扩大。

表 2-26 列出了 2013—2016 年安徽区域生态文明发展水平的泰尔指数的分解情况，并分别说明了区域间差异和区域内差异指数各自的贡献率，即两种差异对总差异的影响程度。2013 年区域间生态文明发展水平的泰尔指数占当年泰尔指数的 32.35%，区域内生态文明发展水平差异指数占当年泰尔指数的 67.65%；到了 2016 年区域间生态文明发展水平的泰尔指数占当年总泰尔指数的 48.56%，而区域内生态文明发展水平的泰尔指数占总泰尔指数的 51.44%，可以明显地看出，安徽省生态文明发展水平的区域间差异是造成总差异不断波动的主要原因，即不同区域间生态文明差异的扩大造成总体差异的扩大。皖南的内部差异是形成区域内差异的主要因素，皖南内部差异对全省区域

内差异的影响程度总体呈下降趋势，从 2013 年的 52.95％下降到 2016
年的 27.60％。

表 2-26 2013—2016 年安徽生态文明发展水平的泰尔指数分解表

年份	区域间差异		区域内差异				
	差异指数	贡献率	差异指数	贡献率	皖北贡献率	皖中贡献率	皖南贡献率
2013	0.0021	32.35％	0.0044	67.65％	9.05％	5.65％	52.95％
2014	0.0041	53.91％	0.0035	46.09％	5.66％	6.20％	34.22％
2015	0.0036	56.56％	0.0028	43.44％	5.53％	8.13％	29.77％
2016	0.0035	48.56％	0.0037	51.44％	16.49％	7.34％	27.60％

区域差异的研究结果说明，我省各地区资源禀赋、经济发展、社
会进步不同，生态文明发展水平也呈现出区域性差异。要提高我省生
态文明发展的整体水平，消除区域间的差异尤为关键，按照不同的地
区制定相应的生态文明建设政策和生态治理措施，提高政策的有效性
和适用性。对不同区域内部的分析提示我们，要关注皖南地区的内部
不平衡问题，善于找出各地区生态文明建设的薄弱环节。

第五节 安徽生态文明发展政策建议

安徽省在生态文明建设的过程中仍存在很多不足，城市生态文明
发展不平衡的问题较突出，城市间生态文明发展水平有着不小的差距，
因此我们必须坚持绿色发展理念，推行绿色的生产生活方式，建设绿
色江淮美好家园，在实现安徽经济发展的同时，确保生态文明共同发
展，让安徽既有"金山银山"，也有"绿水青山"。据此，我们针对安
徽省生态发展现状给出以下政策建议。

一、基于全省视角

提高资源利用效率。有效控制能源和水资源的消耗及碳排放总量，
加强建设用地的利用，加强生态资源的可持续开发利用，将经济发展

与生态发展相结合，推动"绿水青山"向"金山银山"转变，促进生态资源转变为生态资本和生态效益。加大科技创新力度，将传统的提高资源利用效率转变为绿色生态的提高资源利用效率，大力发展农业循环经济。

加大环境治理力度。深入推进以大气、水、土壤为重点的污染防治工作，着力抓好减少燃煤排放和机动车排放的工作。加大工业污染源治理力度，加强煤炭清洁高效利用，增加天然气供应，完善风能、太阳能、生物质能等新型能源的发展扶持政策，提高清洁能源比重。全面推进城镇污水处理设施建设与改造，加强农业面源污染防治和流域水环境综合治理，强化化肥、农药等投入品的管理，加大农产品产地重金属等的污染治理力度，开展农作物秸秆、废旧农膜循环利用，加强耕地保护与质量提升。

加强生态保护区建设。构建稳固的区域生态屏障，保障全省生态安全，建设农田林网、骨干道路林网，推进石质山造林绿化，构建皖北及沿淮平原绿色生态屏障。建设皖江绿色生态廊道，推进江淮丘陵区造林绿化，构建皖江城市带和合肥经济圈绿色生态屏障。大力营造水源涵养林和水土保持林，构建皖西大别山区水资源保护绿色生态屏障。大力开展封山育林和森林抚育，有效提高森林质量，构建皖南山区绿色生态屏障。保护和培育森林生态系统，严格执行林地征占用和森林采伐限额制度，全面停止天然林商业性采伐。加强森林防火和重大林业有害生物防控，完善减灾控灾和监测预警体系。保护和恢复湿地与江河湖生态系统，开展水生态系统保护与修复，严格实施重要河流、湖泊、水库生态环境保护，实行水域占补平衡。推进生态保护与建设示范区，推进黄山市、池州市、岳西县、霍山县、宁国市等国家生态保护与建设示范区以及潜山县国家生态文明示范工程试点建设，积极探索生态保护与建设规划实施、制度建设、投入机制、科技支撑等方面的经验。

完善经济政策。加大各级财政资金投入力度，统筹有关资金，对资源节约和循环利用、重点领域污染治理、生态修复与建设、生态文明领域统计监测能力建设等加大支持力度，建立省级大气污染防治财政保障机制。

　　加强区域生态文明建设。把皖北、皖南地区作为我省生态文明建设的重要着力点，制订差异化的生态文明建设措施。针对不同地区的特点，制定不同区域的生态文明环境建设政策，避免"一个文件管天下"，提高政府执政能力。"点""面"结合推进生态文明建设，政府在制定不同地区的生态文明政策时，除了要考虑区域因素，还要针对各个城市的特点，制定"点"上的措施，做到"点""面"兼顾。加强城市之间的生态交流。加强各级政府之间关于生态文明建设经验的交流，充分发挥政府建设生态文明的主导作用，生态文明建设好的城市要充分发挥生态文明建设先行区的作用，在自身城市建设好生态文明的同时，带动周边城市共同建设生态文明，促进社会和谐可持续发展。生态文明建设落后的城市要注意加强政府建设生态文明的主导作用，多向其他生态文明好的城市学习，借鉴他们在建设生态文明过程中的经验，大力推进城市生态文明建设。

二、基于城市视角

　　安徽省城市众多，且各城市经济发展不均衡，资源环境、生态条件参差不齐，上文基于安徽省各城市 2013—2016 年生态文明发展水平指标数据，将生态文明发展水平评价分为资源利用、环境治理、环境质量、生态保护、增长质量、绿色生活六个方面，得到安徽省各城市生态文明发展水平综合评价结果。考虑我省各城市经济发展水平和自然禀赋等因素将各城市的发展情况分为三类：第一类为合肥、芜湖、蚌埠、马鞍山和铜陵；第二类为黄山、池州、六安、宣城和安庆；第三类为淮南、淮北、滁州、阜阳、宿州和亳州。

　　第一类城市的特点是经济社会发展水平较高，人民生活水平较高，但由于自然资源或生态环境的约束限制了地区生态文明的发展，导致其生态文明发展不全面、不均衡。这些地区应该以发展循环经济为重点，培育和发展特色工业，优化工业布局，以节能、降耗、减排为目标，大力发展高效、节约、循环的产业。由于天然的资源劣势，这些地区在发展生态文明的过程中不能一味地依靠生态环境带来生态效益，在大力发展其他产业经济的同时，注重保护环境，遵循可持续发展的理念，在经济发展的过程中，使资源和环境得到更加合理有效地利用，利用经济手段推进生态文明建设。

第二类城市的特点是生态环境基础较好，资源条件优越，但其经济发展水平与人民生活水平相对而言处于劣势。生态文明发展水平评价要考虑两种指标：一是生态文明发展本身的指标，另一种就是建设指标。自然资源优越，为生态文明发展提供了先天条件，但优越的自然资源也约束了经济的发展，使得经济条件落后，从而生态文明发展水平落后，因此这些城市在生态文明建设过程中是最具有潜力的。这些城市在生态文明发展过程中应以森林资源为基础，培育和发展生态林业，以生态资源为依托，培育和发展生态旅游，大力开发集自然生态、历史文化、民俗风情为一体的生态旅游，通过旅游带动经济，大力发展现代商贸物流业，促进第三产业全面繁荣。由于经济的劣势，这些地区在加强生态资源与环境保护的基础上，推进经济发展，做到经济、环境共同发展。

第三类城市的特点是经济发展水平落后，且没有丰富的自然资源，生态环境落后。这类城市在生态文明发展的过程中，应该充分了解自身发展的相对优势与不足之处，重点发展一方面的优势，其他方面协调发展，提升城市综合水平。同时，制定生态文明发展规划，善于学习其他城市生态文明发展过程中的经验，结合自身因地制宜发展，着眼于未来，全面推进生态文明建设，为生态文明发展水平能力的提高奠定坚实基础。

总之，传统的发展模式已经不再适用于现代经济社会，绿色生态发展将是未来社会发展的必然趋势，地方政府要发挥主导作用，全面推进地方生态文明建设，为实现我国经济社会长远可持续发展提供有力保障。

第三章　安徽省绿色制造的现状与趋势

2015 年 11 月 18 日，安徽省人民政府印发的《中国制造 2025 安徽篇》将绿色制造工程作为五大重点工程之一，集中体现了安徽制造业未来绿色化发展理念，安徽将努力构建具有安徽特色的制造业绿色发展体系，将绿色化发展贯彻到制造业的方方面面。

第一节　制造业 2025 与制造业绿色化发展

一、中国制造 2025 安徽篇

2015 年 11 月 18 日，安徽省人民政府印发了《中国制造 2025 安徽篇》，正式拉开了安徽制造业发展新篇章。提出未来十年，安徽省必须紧抓新一轮科技革命和产业变革的历史机遇，深入贯彻实施《中国制造 2025》，突破一批重点产业和领域，努力实现安徽制造业做大做强做优"三重任务"，走出一条安徽制造业转型升级的新路径。力争到 2020 年，基本实现工业化，制造业强省地位初步建立，制造业增加值占 GDP 比重达到 43% 左右；到 2025 年，制造业整体水平大幅提升，迈入制造业强省行列，制造业增加值占 GDP 比重达到 45% 左右。

《中国制造 2025 安徽篇》提出制造强省战略，对安徽制造业发展重点产业和领域进行了整体谋划升级，一方面狠抓具有高成长性、代表未来产业方向、需重点突破的高端制造业领域的培育和发展；另一方面加快改造提升安徽省优势传统产业。为此，对未来十年工作重点进行了全面布置，将重点实施六项任务和五大重点工程——"六项任务"即以两化融合为切入点，主攻智能制造；推动名牌名品名家计划，提升安徽制造水平；推进强基强企强龙强区行动，夯实制造业基础；实施创新驱动，聚集制造业发展新功能；大力实施技术改造，加快制造业改造提升步伐；加快模式转变，培育发展新兴业态。"五大重点工程"即智能制造工程、质量品牌建设工程、工业强基工程、科技创新工程和绿色制造工程。

《中国制造 2025 安徽篇》与《中国制造 2025》是一脉相承的，二者均以两化融合为切入点，并把智能制造作为主攻方向；都把创新作为产业发展的源动力；都强调工业强基、绿色发展和人才支撑；都聚焦高端制造业领域，把高端制造业的发展作为主要抓手。《中国制造 2025 安徽篇》在《中国制造 2025》的基础上，结合安徽产业发展实际，进一步细化了产业细分领域，更有针对性地提出了相应措施和保障。

二、制造业绿色化发展

绿色制造是一种低熵值生产制造和使用模式，制造业绿色化发展，以任何自然和谐共生为价值取向，它要求产品在设计、制造、物流、使用、回收等产品全生命周期中，其资源能源利用效率最高、对自然环境和社会环境的不利影响降至最低，且能使企业经济效益和社会效益达到协调最优化状态，其具体特性体现在以下几个方面，即人本化、生态化、合理化、节约化、高效化、清洁化、低碳化、安全化、高科技化。绿色制造是一种现代化制造模式，是社会发展需要对制造业生产模式所提出的一种要求，而且这种要求随着人民环保意识的提高，必将成为一种趋势。

制造业绿色化贯穿产品全生命周期，每一个环节都要求"绿色"，具体来说，可以概括为绿色设计、绿色生产和管理、绿色使用以及绿色处置几个方面。

绿色设计是绿色制造的最初环节，它要求在产品整个生命周期内，着重考虑产品环境属性（可拆卸性，可回收性、可维护性、可重复利用性等），并将其作为设计目标，在满足环境目标要求的同时，保证产品应有的功能、使用寿命、质量等要求。绿色设计的原则被公认为"3R"原则，即减少环境污染（Reduce）、减小能源消耗（Reuse），产品和零部件的回收再生循环或者重新利用（Recycle）。从操作实际来看，绿色设计主要包含产品绿色设计工具使用、产品绿色材料选用和管理、产品绿色性能设计、产品可回收性设计、产品可拆卸性设计、产品成本最优化设计以及产品开放性服务设计等方面，如图 3-1 所示。

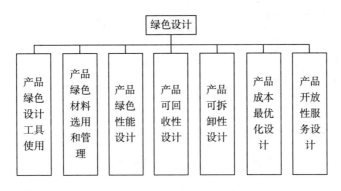

图 3-1　绿色设计体系架构

　　绿色生产和管理是绿色制造的核心环节，在产品的全生命周期中，生产制造过程的绿色化程度很大程度上决定着其对环境的友好程度。绿色生产以节能、降耗、减污为目标，以管理和技术为手段，实施生产全过程控制，在提高生产效率的同时，最大化地利用资源和能源，尽可能地减少原材料消耗量和废弃物产生量，将其对环境的影响降到最小。绿色生产的核心和关键在于采用先进的绿色制造工艺和技术，根据产品生产流程，可将之概括为材料性能处理工艺、节材加工工艺、节能和清洁能源工艺、生产环境改善工艺、资源循环利用工艺、三废治理工艺、绿色包装工艺、工艺技术绿色选择技术、工艺路线绿色优化技术、工艺参数绿色优化技术、工序绿色优化技术、制造装备绿色选择技术，如图 3-2 所示。

　　绿色使用是产品的一种应用特性，其要求产品满足安全化、人性化、清洁化、低碳化、节约化、高效化等使用特性，如图 3-3 所示。产品在使用的过程中，首先要避免使用者受到有毒有害物质、过激性或刺激性物质、辐射、噪声污染等威胁，要让使用者感到安全、舒适、便捷；其次，产品自身在使用过程中要使用清洁能源或可再生能源，按需搭配其他节能环保设备，减少或消除污染物排放，最大限度减轻

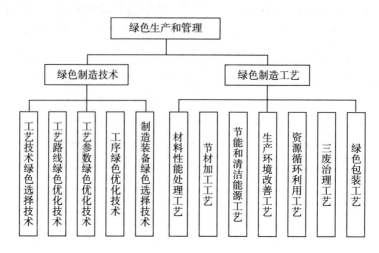

图 3-2　绿色生产和管理体系架构

产品使用对环境的负面影响；最后，产品使用过程中要做到节约高效，使用者要按需使用，最大限度节水、节电、节约燃料，最高效率发挥产品作用。

　　绿色处置是产品的一种后处理特性，产品在其使用寿命终结后，都要对产品进行处置。这种处置主要包括两个方面：一是产品回收再利用，二是产品无害化处理。产品回收再利用是指通过对使用寿命终结产品的可循环利用部分，采用各种回收方式，获取其中蕴含的原材料、能源及可用零部件，使其发挥剩余价值，进而将之转变成新产品的一种处置方式。产品的回收再利用主要包括回收、拆解、再利用三个方面，通过回收再利用可大大降低传统垃圾堆放和对环境的污染，降低原材料消耗和能源使用，进而减轻环境和资源消耗负担。产品无害化处理是指对使用寿命终结产品的不可

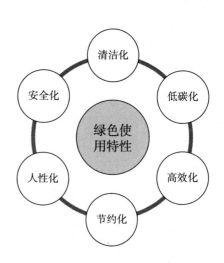

图 3-3　绿色使用六大特性

循环利用部分，采用无害化处理方式，使之不再继续污染环境的一种处置方式。产品无害化处理首先要对产品垃圾进行分类预处理，然后根据垃圾类型的不同，通过填埋、焚烧、降解、堆肥等方式进行无害化处置，如图3-4所示。

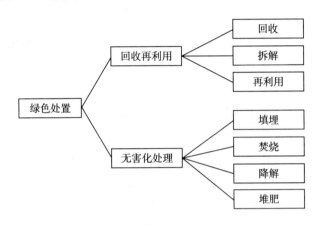

图 3-4　绿色处置体系架构

《中国制造 2025 安徽篇》特别将绿色制造工程作为五大重点工程之一，集中体现了安徽制造业未来绿色化发展理念，安徽将努力构建具有安徽特色的制造业绿色发展体系，将绿色化发展贯彻到制造业的方方面面。同时，绿色化发展也是安徽省制造业实现可持续发展的前提，安徽制造业必须围绕绿色化发展的四个方面下功夫，才能对制造业绿色化发展起到有效的支撑作用，才能真正提供更多优质的绿色生态产品以满足人们日益增长的物质需求和优美生态环境需要。

第二节　制造业绿色化发展是生态文明建设的必由之路

一、生态文明建设是中华民族永续发展的千年大计

习近平同志在十九大报告中指出："生态文明建设功在当代、利在千秋。我们要牢固树立社会主义生态文明观，推动形成人与自然

和谐发展现代化建设新格局，为保护生态环境作出我们这代人的努力！我们要建设的现代化是人与自然和谐共生的现代化，既要创造更多物质财富和精神财富以满足人民日益增长的美好生活需要，也要提供更多优质生态产品以满足人民日益增长的优美生态环境需要。必须坚持节约优先、保护优先、自然恢复为主的方针，形成节约资源和保护环境的空间格局、产业结构、生产方式、生活方式，还自然以宁静、和谐、美丽。"报告中还多次强调绿色发展理念，绿色经济已上升到国家战略层面，作为国民经济转型升级的重要导向，"绿色经济"这一理念已经开始从理论转向实践，从宏观层面逐渐渗透到各行各业中。

中国是世界上资源最丰富的国家之一，自然资源丰富，矿产资源品种齐全且储量大，堪称地大物博；然而中国又是一个世界上人口最多的发展中国家，无论哪种资源，人均拥有量在全世界都是很低的，总体来看，我国已探明的矿产资源约占世界总量的12%，居世界第3位。但人均占有量较少，仅为世界人均占有量的58%，居世界第53位。改革开放以来，我国经济持续保持高速发展，取得了举世瞩目的成就，但这种高速发展基本是建立在高消耗、高污染的传统发展模式上，出现了比较严重的环境污染和生态破坏，发达国家上百年工业化过程中分阶段出现的环境问题在中国集中出现，环境与发展的矛盾日益突出。

资源相对短缺、生态环境脆弱、环境容量不足，逐渐成为中国可持续发展的制约因素。如果中国不改变传统的经济增长方式，不把节约资源和保护环境放到突出的位置，不加大保护环境的力度，不改变先污染后治理、边治理边破坏的状况，生产生活环境会越来越恶化，这不仅将直接影响全面建设小康社会宏伟目标的顺利实现，而且关系到中华民族生存和长远发展的根本大计。

因此，"大力推进生态文明建设，致力绿色发展"，不仅是中国加快经济结构调整和转变经济发展方式的自主行动，也是实现制造业现代化发展、破解能源资源瓶颈制约、实现和谐发展和可持续发展的必然要求。

二、绿色发展是生态文明建设的基石

生态文明是一种人与自然、人与人、人与社会和谐共生、良性循环、全面发展、持续繁荣为基本宗旨的文化伦理形态。创建生态文明的核心理念即是绿色发展，绿色发展培养的是"绿水青山就是金山银山"新发展理念，倡导以效率、和谐、持续为目标的经济增长和社会发展模式。

创建生态文明，首先要贯彻绿色发展理念，倡导绿色发展模式，着力推进绿色发展、循环发展、低碳发展，形成节约资源和保护环境的空间格局、产业结构、生产方式及生活方式，从源头上扭转生态环境恶化趋势，从这个角度来说，绿色发展可以看作是生态文明建设的基石。

三、制造业绿色化发展是绿色发展的核心

绿色发展的核心是绿色经济，绿色经济是一个复杂的系统，但总体来说，它是以资源节约、环境友好、生态保护为主要特征，贯穿产业、金融、财政、消费、投资、物流等各种社会活动的方方面面。其核心内容是绿色制造，强调的是制造业与生态环境和谐发展，它区别于传统发展理念，其源于生态环境保护领域，延伸至制造业，是生态环境保护与制造业在新时代背景下的结合体，具体表现为资源承载能力和环境容量约束下的可持续发展。

制造业绿色化发展是一种必然趋势，它不仅可以通过对传统发展的绿色化改造，不断降低污染物排放、不断降低资源生态环境代价、增强社会发展和环境协调性、增强可持续发展能力，更能有助于促进新业态的产生和发展，催生一大批具有资源消耗低、带动能力强、综合效益好的符合绿色经济发展理念的经济新增长点。

总的来说，制造业绿色化发展水平决定着全社会绿色发展水平，已经成为生态文明建设核心中的核心，生态文明的创建离不开制造业绿色化发展。可以说，走制造业绿色化发展道路，是生态文明建设的必由之路。

第三节　安徽省绿色制造的现状

一、安徽省制造业总量与结构分析

2017 年是安徽省贯彻落实"制造强省"战略的开局之年，安徽省认真贯彻落实党的十九大精神，坚持以习近平新时代中国特色社会主义思想为指导，以"五大发展行动计划"为总抓手，以供给侧结构性改革为主线，以实现高质量发展为根本要求，大力推进制造强省建设，安徽省制造业呈现"稳中有进、质效双升"的良好发展态势。

从总量看，2017 年安徽省制造业规模以上企业主营业务收入同比增长 13％，增加值增长 9.5％，高于全部规模以上工业增加值，制造业对规模以上工业增加值增长的贡献率由上年的 91％提高到 93.4％，其中装备制造业由 52.2％提高到 52.5％。全年制造业实现利润总额 2285.3 亿元，同比增长 19.7％，增速创近六年来新高，制造业固定资产投资 11434.3 亿元，增速达 11.5％，其中技改投资总量达 7252.9 亿元，同比增长 18％，技改投资增速创近五年来新高，规模以上企业数量突破 2 万户，居全国第 6 位。

从产业结构看，受制造强省推动，安徽省高技术产业同比增长 16.3％，战略性新兴产业产值增长 21.4％，其中，24 个战略性新兴产业集聚发展基地工业总产值增长 23.1％。

从产业领域看，电子信息、汽车和装备制造、材料和新材料、新能源、食品医药、纺织服装等六大主导产业发展势头良好，产业增加值增长 9.5％，其中装备制造业增长达 13.4％。

从行业分类看，安徽省制造业 31 个行业大类全部保持增长态势，其中计算机、通信和其他电子设备制造业增长 15.1％，电气机械和器材制造业增长 13.5％，化学原料和化学制品制造业增长 10.4％，汽车制造业增长 9.8％，通用设备制造业增长 9.2％，非金属矿物制品业增长 6.7％，农副食品加工业增长 4.8％，有色金属冶炼和压延加工业增长 3%，黑色金属冶炼和压延加工业下降 1%，纺织服装、服饰业增长 2.3%。

从经济效益看，安徽省制造业 31 个行业大类中的电气机械和器材制造业、专用设备制造业、通用设备制造业、汽车制造业、计算机通信和其他电子设备制造业、化学原料和化学制品制造业、黑色金属冶炼和压延加工业、金属制品业、非金属矿物制品业、橡胶和塑料制品业、医药制造业、酒饮料和精制茶制造业、农副食品加工业等 13 个行业利润超 50 亿元，同比增长 20% 以上，利润额占全部规模以上制造业的 80% 左右。

从上述五个维度不难看出，安徽省制造强省战略作用逐渐凸显，供给侧改革主线鲜明，制造业总量不断做大做强，产业结构不断优化，发展态势向好，质量效益不断提升，为打造安徽制造"升级版"奠定了坚实基础，安徽省制造业转型升级已迈入弯道超车的关键时期。

二、安徽省推动制造业绿色发展主要举措

（1）安徽省环境保护厅近年来一直对重点企业实施强制性清洁生产审核，每年度实施审核评估并通告年度强制性清洁生产审核重点企业名单。如：2017 年强制性清洁生产审核重点企业名单涉及企业 149 家，其中马鞍山慈湖高新区数量最多，达到 10 家。

（2）安徽省经济和信息化委员会 2014 年发布《关于在工业领域开展节能环保产业"五个一百"专项行动的实施意见》（皖经信节能〔2014〕111 号），意见决定在安徽省工业领域滚动实施"五个一百"专项行动，即"壮大 100 户节能环保生产企业、推介 100 项节能环保先进技术、推广 100 种节能环保装备产品、实施 100 个节能环保重点项目、培育 100 家节能环保服务公司"，每年度发布安徽省工业领域节能环保产业"五个一百"推介目录。

（3）安徽省人民政府 2015 年印发了《中国制造 2025 安徽篇》（皖政〔2015〕106 号），将绿色制造工程列为制造业转型升级五大重点工程之一，并力争到 2020 年，培育一批绿色示范工厂和绿色示范园区，单位工业增加值能耗同比 2015 年下降 18%。

（4）《中共安徽省委、安徽省人民政府关于印发安徽省五大发展行动计划（修订版）的通知》（皖发〔2017〕45 号），提出创新、协调、绿色、开放、共享五大发展行动计划。其中绿色发展要强化生态保护，牢固树立"绿水青山就是金山银山"的理念，围绕推进国家重点生态功能区建设，按照建设生态文明示范区的要求，构建绿色生态网络，培育绿色发展经济。

（5）安徽省推进制造大省和制造强省建设领导小组关于印发《安徽省制造强省建设实施方案（2017—2021 年)》的通知（皖制造强省组〔2017〕1 号），把节能环保产业作为重点发展的 7 大高端产业之一，并提出"集约＋循环"绿色发展路径，走"绿色设计—绿色生产—绿色产品—绿色产业—绿色消费—绿色经济"融为一体的绿色发展模式。

（6）安徽省人民政府关于印发支持制造强省建设若干政策的通知（皖政〔2017〕53 号），特别提出要支持绿色制造，对在工业领域实施节能环保"五个一百"专项行动中，被评价为优秀的企业给予一次性奖补 50 万元；对获得国家级绿色工厂、绿色产品的分别给予一次性奖补 100 万元、50 万元；对获得省级绿色工厂的企业给予一次性奖补 50 万元。

（7）中共安徽省委办公厅、安徽省人民政府办公厅关于印发《安徽省生态文明建设目标评价考核实施办法》的通知（厅〔2017〕42 号），对各市资源利用、环境治理、环境质量、生态保护、增长质量、绿色生活、公众满意程度等方面的变化趋势和动态进展进行评估，生成各市年度评价绿色发展指数，并将结果应当向社会公布，纳入地方生态文明建设目标考核。

（8）《安徽省经济和信息化委员会关于印发安徽省"十三五"工业绿色发展规划的通知》皖经信规划〔2017〕18 号，规划围绕加强工业节能、促进清洁生产、强化资源综合利用、壮大节能环保产业、绿色制造体系建设等工业绿色发展重点工作，提出安徽省"十三五"工业绿色发展的指导思想、发展目标、主要任务和保障措施。

（9）安徽省经济和信息委员会印发了《安徽省绿色制造体系建设

实施方案的通知》（皖经信节能〔2017〕124号），并进一步制定了《安徽省绿色工厂建设评价和管理办法（试行）》，提出围绕冶金、化工、建材、机械、汽车、轻工、纺织、医药、电子信息等重点行业，大力推进绿色制造，到2020年，力争培育绿色工厂100家、绿色产品200个、若干个绿色园区和绿色供应链；打造一批制造业绿色转型升级的示范标杆，增强企业绿色发展理念，提升企业绿色制造水平，初步构建绿色制造的框架体系。

（10）2017年4月7日，安徽省环境保护厅发布《安徽省绿色发展行动实施方案》，提出以生态文明体制改革为动力，以绿色低碳循环发展为途径，以资源有偿使用为约束，以生态文明示范创建为引领，以健全体制机制为保障，统筹推进生态文明示范创建、重点领域污染防治、绿色循环低碳经济、资源有偿使用与生态补偿等重点工程建设，不断完善绿色发展政策措施，优化国土空间开发格局，全面促进资源节约利用，加大自然生态系统和环境保护力度，实现绿水青山和金山银山有机统一，生态竞争力显著提高，加快构建绿色江淮美好家园。

（11）安徽省经济和信息化委员会发布《2017—2020年重点工业行业清洁生产技术改造项目实施计划》（皖经信节能〔2017〕770号），通过调查摸底，确定清洁生产技术改造重点项目；编制计划，引导企业实施清洁生产技术改造；政策支持，奖补清洁生产技术改造项目等政策导向。重点围绕安徽省大气、水、土壤及挥发性有机物污染企业，进一步加强以源头替代、过程削减为主的清洁生产技术改造力度，提升清洁生产技术水平，减少污染物的产生和排放，推进绿色发展。

从安徽省近几年出台的政策导向可以看出，安徽省对制造业绿色发展越来越重视，尤其是在2017年实施制造强省战略之后，安徽省人民政府及省直相关部门密集地出台了一系列政策导向和激励政策，以促进制造业绿色发展。除此之外，部分地市也配套出台了相应支持政策，强化对绿色制造体系建设的支撑作用，如：合肥市对当年通过国家级、省级绿色工厂认定的企业，分别给予省级奖励资金50%的配套支持，对通过国家级、省级认定的绿色园区，分别给予园区管委会150万元、50万元一次性奖励。

三、安徽省绿色制造体系

为贯彻落实《中国制造 2025》《绿色制造工程实施指南（2016—2020 年)》《关于开展绿色制造体系建设的通知》和《中国制造 2025 安徽篇》，加快推进安徽绿色制造体系建设，安徽省围绕省制造业重点领域，以企业为建设主体，以促进全产业链和产品全生命周期绿色发展为目的，大力推进绿色制造体系建设，抓好绿色工厂、绿色产品、绿色园区、绿色供应链的创建工作，打造一批制造业绿色转型升级的示范标杆，逐步建立高效、清洁、低碳、循环的绿色制造体系，进一步提升制造业的国内外市场竞争力。

创建绿色产品。引导和鼓励创新能力较强的国家和省级技术中心企业、"专精特新"中小企业和高新技术企业等，按照《生态设计产品评价通则》（GB/T 32611）和生态设计产品评价规范系列国家标准（GB/T 32163）的要求，开展绿色产品的研发并实现产业化。重点选择量大面广、与消费者紧密相关、条件成熟的产品，应用产品轻量化、模块化、集成化、智能化等绿色设计共性技术，采用高性能、轻量化、绿色环保的新材料，开发具有无害化、节能、环保、高可靠性、长寿命和易回收等特性的绿色产品，实现产品对能源资源消耗最低化、生态环境影响最小化、可再生率最大化。

创建绿色工厂。优先在冶金、化工、建材、机械、汽车、轻工、纺织、医药、电子信息等重点行业选择一批工作基础好、代表性强的骨干企业，按照工信部发布的《绿色工厂评价要求》开展绿色工厂创建工作。通过采用绿色建筑技术建设改造厂房，预留可再生能源应用场所和设计负荷，合理布局厂区内能量流、物质流路径，推广绿色设计和绿色采购，开发生产绿色产品，采用先进适用的清洁生产工艺技术和高效末端治理装备，淘汰落后设备，建立资源回收循环利用机制，推动用能结构优化，创建具备用地集约化、生产洁净化、废物资源化、能源低碳化等特点的绿色工厂。在推进国家级绿色工厂建设的基础上，结合安徽省企业的实际，研究制定"安徽省绿色工厂建设评价和管理办法"，开展省级绿色工厂的创建工作。

　　创建绿色供应链。重点在汽车、电子电器、大型成套装备机械等行业选择一批代表性强、行业影响力大、经营实力雄厚、管理水平高的龙头企业，按照工信部发布的《绿色供应链评价要求》开展卓越绿色供应链管理企业的创建工作。建立以资源节约、环境友好为导向的采购、生产、营销、回收及物流体系，推动上下游企业共同提升资源利用效率，改善环境绩效，达到资源利用高效化、环境影响最小化，链上企业绿色化的目标。按照产品全生命周期理念，加强供应链上下游企业间的协调与协作，发挥核心龙头企业的引领带动作用，确立企业可持续的绿色供应链管理战略，实施绿色伙伴式供应商管理，优先纳入绿色工厂为合格供应商和采购绿色产品，强化绿色生产，建设绿色回收体系，搭建供应链绿色信息管理平台，带动上下游企业实现绿色发展。

　　创建绿色园区。从国家级和省级产业园区中选择一批工业基础好、基础设施完善、绿色水平高的园区，如国家级低碳工业示范园区、循环化改造试点园区等，按照工信部发布的《绿色园区评价要求》开展培育和创建工作。贯彻资源节约和环境友好理念，加强土地节约集约化利用，推动基础设施的共建共享，在园区层级加强余热余压废热资源的回收利用和水资源循环利用，建设园区智能微电网，促进园区内企业废物资源交换利用，补全完善园区内产业的绿色链条，推进园区信息、技术服务平台建设，推动园区内企业开发绿色产品、主导产业创建绿色工厂，龙头企业建设绿色供应链，建设具备布局集聚化、结构绿色化、链接生态化等特色的绿色园区。

四、安徽省制造业绿色发展主要工作成效

　　近年来，安徽省通过不断贯彻绿色发展理念，积极构建绿色制造体系，大力推进绿色制造，开展绿色示范行动，促进制造业绿色化升级，安徽省在绿色制造方面取得了令人瞩目的成绩，制造业绿色发展水平得到极大提升。

　　（1）节能环保"五个一百"专项行动成效显著。自 2014 年安徽省开展节能环保"五个一百"专项行动以来，已连续四年发布安徽省工

业领域节能环保产业"五个一百"推介目录，重点围绕节能、环保和资源综合利用等领域，累计推介了 400 户节能环保生产企业、400 项节能环保先进技术、400 种节能环保装备产品、400 个节能环保重点项目。随着"五个一百"专项行动的深入实施，安徽省节能环保产业规模不断扩大、产业发展态势超预期。2016 年安徽省节能环保产业实现产值 1560.18 亿元，同比增长 19.91%，高于全部战略性新兴产业 3.51 个百分点，单位工业增加值能耗同比下降 6.52%，超预期目标 2.52 个百分点；2017 年节能环保产业同比增长 22.90%，高于全部战略性新兴产业 1.5 个百分点，高于上年 2.99 个百分点，大幅超过全年增长 15% 的目标预期，单位工业增加值能耗同比下降 5.38%，超预期目标 1.38 个百分点。

（2）绿色制造体系示范建设成果走在全国前列。近年来，安徽省积极推进绿色制造体系建设，制订了相关实施方案以及评价和管理办法，2017 年安徽省在全国范围内率先开展省级绿色工厂建设，认定公布了 40 家省级绿色工厂，在创建国家绿色制造体系示范方面，安徽省有 6 家绿色工厂、54 种产品和 1 个园区入选国家首批绿色制造体系示范名单，总体数量位居全国第 2（表 3-1）。在 2018 年最新公布的第二批绿色制造体系示范名单中，安徽省再次实现突破，入选绿色工厂、绿色设计产品、绿色园区数量分别为 25 家、13 个、2 个，总数达 40 个，跃居全国首位。

表 3-1　国家绿色制造体系示范按省（市）分布情况

地区	第一批				第二批			
	绿色工厂	绿色产品	绿色园区	绿色供应链	绿色工厂	绿色产品	绿色园区	绿色供应链
北京	8	0	0	0	4	0	0	0
天津	1	0	1	0	4	1	0	0
河北	17	1	1	0	5	0	0	0
山西	3	1	0	0	1	0	0	0
内蒙古	3	0	2	0	7	2	1	0
辽宁	5	0	0	0	1	0	0	0

（续表）

地区	第一批				第二批			
	绿色工厂	绿色产品	绿色园区	绿色供应链	绿色工厂	绿色产品	绿色园区	绿色供应链
吉林	5	1	2	0	5	1	0	0
黑龙江	1	0	0	0	2	1	0	0
上海	2	0	0	1	2	1	1	0
江苏	22	10	3	2	26	1	4	0
浙江	4	7	1	1	10	10	1	0
安徽	6	54	1	0	25	13	2	0
福建	3	1	0	0	2	0	0	0
江西	8	0	1	0	5	0	0	0
山东	22	6	2	2	15	2	1	0
河南	2	0	0	0	8	0	2	1
湖北	2	2	0	0	5	0	0	0
湖南	3	1	1	1	12	0	1	0
广东	27	65	1	3	23	0	0	1
广西	4	0	0	0	2	0	1	0
海南	1	0	1	0	1	0	0	0
重庆	6	0	1	0	4	0	0	0
四川	7	3	0	1	4	0	1	1
贵州	1	0	1	0	2	0	1	0
云南	4	1	1	0	4	0	1	0
陕西	3	3	0	0	4	1	1	0
甘肃	1	0	0	1	1	0	0	0
青海	1	0	0	0	2	0	1	0
宁夏	4	0	3	0	2	1	2	0
新疆	8	1	1	0	11	1	1	0
新疆兵团	1	0	0	0	1	0	0	0
大连	2	0	0	0	1	0	0	0
青岛	4	34	0	0	1	16	0	1

（续表）

地区	第一批				第二批			
	绿色工厂	绿色产品	绿色园区	绿色供应链	绿色工厂	绿色产品	绿色园区	绿色供应链
宁波	2	0	0	0	4	2	0	0
深圳	8	2	0	2	2	0	0	0
合计	201	193	24	15	208	53	22	4

（3）绿色制造产品技术竞争力不断提升。通过近几年不断加大对绿色制造技术研发投入，安徽省在高效低温余热发电、尾气处理、智能电网、垃圾焚烧发电、水处理设备和药剂、生活垃圾处理、除尘脱硫、机电节能、家电节能、煤矿瓦斯综合治理等技术方面达到了国内先进水平。其中，合肥水泥研究设计院和蚌埠玻璃工业设计研究院等单位的节能环保工程设计服务水平处于国内领先水平，阳光电源股份有限公司太阳能、风能、储能等新能源电源设备国内领先，安徽艾可蓝环保股份有限公司汽车尾气处理技术填补了国内空白，安徽盛运环保股份有限公司城市生活垃圾气化熔融处理工艺技术、垃圾禁烧干法尾气处理装置以及劲旅环境科技有限公司生产的垃圾压缩设备、环卫专用车辆等技术装备也处于国内领先地位。

（4）绿色制造服务产业发展迅速。随着安徽省对绿色制造的重视程度越来越高，发展绿色制造的同时，其相关服务产业也在高速发展，安徽省第三方服务机构不断增加，绿色制造服务产业框架快速形成，涌现出了一大批优秀第三方服务机构。其中，安徽省安泰科技股份有限公司、安徽节源环保科技有限公司、安徽文鼎能源投资管理有限公司上榜中国节能服务公司百强榜榜单，安徽省方圆质量技术评价中心、马鞍山熔谷能源审计有限公司、安徽天方工业工程技术研究院有限公司入选了工信部工业节能与绿色发展评价中心。第三方服务机构的快速成长发展，为安徽省绿色制造发展提供了强大支撑。

（5）重点污染源企业监管监测得到进一步加强。安徽省环境保护厅对重点污染源企业实施年度动态监控，对需要重点监控的企业进行实时统计，按月抽查国控重点污染源企业自行监测信息公开情况并进行通报。截至目前，安徽省 462 家企业被纳入重点监控企业名单，其中超过 30 家企业的地市有 7 席，从高到低排名依次为铜陵、合肥、阜阳、滁州、芜湖、淮南、马鞍山，各市受重点监控企业数分别为 59 家、58 家、39 家、37 家、31 家、31 家、30 家，见表 3-2 所列。

表 3-2　安徽省重点污染源企业监测按地市分布情况

地市	企业总数	废气国控	污水国控	污水处理厂	重金属	规模化畜禽养殖小区
合肥市	58	15	13	18	8	0
芜湖市	31	12	7	9	1	0
蚌埠市	26	4	10	8	3	0
淮南市	31	14	14	5	1	0
马鞍山市	30	7	9	9	5	0
淮北市	25	13	3	7	1	0
铜陵市	59	12	8	3	38	0
安庆市	20	6	6	8	1	0
黄山市	8	0	0	7	0	0
滁州市	37	6	12	10	9	0
阜阳市	39	3	7	9	21	0
宿州市	25	4	10	8	0	1
六安市	16	1	4	8	3	0
亳州市	16	2	8	7	0	0
池州市	19	6	7	6	2	0
宣城市	15	6	1	8	0	0
合计	462	111	119	137	93	1

安徽省在制造业绿色化发展方面不遗余力，通过实施多项政策和举措，大力推进绿色发展，构建了安徽省绿色制造发展体系，取得了令人瞩目的成就。通过对安徽制造业绿色化发展现状的分析，我们可以看出，安徽省对制造业绿色化发展越来越受重视，支持力度越来越大，越来越有针对性，紧抓绿色制造的核心内容，形成了以政府为主

导、企业为主体、社会组织和公众共同参与的绿色化发展机制，使全省制造业绿色化发展程度较以前有极大提升，且在很多方面都已经走在了全国的前列。

第四节　安徽省绿色制造发展的趋势

一、低碳化发展已成主流特征

从能源消耗角度看，安徽省近几年单位地区生产总值能耗和单位工业增加值能耗持续呈持续下降趋势。"十二五"以来，安徽省连续六年超额完成国家下达的节能减排任务，单位生产总值能耗累计下降25.6%，单位工业增加值能耗累计下降达40.7%。制造业五大高耗能产业能源消耗总量（按吨标准煤计算）占全部制造业能源消耗总量比重从2010年的92.04%下降至2016年的89.63%，打破了90%这个分水岭，是一个很大的突破。与此同时，安徽省战略性新兴产业产值占全部工业总产值比重由2010年的13.37%提升至2016年的24.7%，对工业贡献率达31.4%。

表3-3　安徽省近几年能源消耗情况（2010—2016年）

年　份	单位地区生产总值能耗（等价值）		规上单位工业增加值能耗（当量值）	
	吨标准煤/万元	上升或下降（±%）	吨标准煤/万元	上升或下降（±%）
2010	0.970	−4.78	1.82	−12.94
2011	0.754	−4.06	1.2	−9.54
2012	0.722	−4.15	1.09	−9.56
2013	0.676	−3.78	1.03	−7.04
2014	0.636	−5.97	0.94	−8.4
2015	0.6	−5.58	0.88	−9.04
2016	0.531	−5.3	0.9	−6.52

从清洁能源使用角度看,安徽省近几年致力构建清洁低碳、安全高效的能源体系,通过多项举措推进清洁能源产业,取得了较好的成效。一是光伏产业发展态势迅猛,光伏扶贫产业成为全国样板,截至2017年6月,安徽省并网光伏扶贫工程累计装机199.3万千瓦,居全国前列;两淮采煤沉陷区光伏领跑示范基地成为全国最大的水面光伏领跑技术基地,总装机达100万千瓦;合肥市已初步建成全国光伏第一城,其光伏产业已形成玻璃基板-电池片-组件-逆变器-储能电池-发电工程等较为完整的产业链,2016年全市光伏产业突破600亿元,将打造成为世界级光伏产业集群。二是秸秆发电走在全国前列,出台了《大力发展以农作物秸秆资源利用为基础的现代环保产业的实施意见》,2015年和2016年,安徽省秸秆发电累计利用各类秸秆502万吨,建成秸秆电厂10座,新增装机30万千瓦,累计装机78万千瓦,装机规模位居全国第2位。三是风电发展迎来爆发式增长,2011年以前安徽省风电产业发展尚属空白,来安风电场20万千瓦的建设拉开安徽省风电发展序幕,成为全国首个低风速风电场。截至2017年9月,安徽省累计建成投产风电装机205万千瓦,风电已成为安徽省第四大电源。四是水电蓄能工程持续推进,"十二五"期间,安徽省先后开工建设绩溪、金寨抽水蓄能电站,总装机规模300万千瓦,积极推进桐城、宁国抽水蓄能电站前期工作。"十三五"期间拟开工建设并装机420万千瓦,安徽省装机容量超过100万千瓦且水头高于300米以上的抽水蓄能站有13处,此外,安徽省还储备了岳西、霍山、石台等建设条件较好的后续项目。

从污染物排放角度看,基于清洁能源和先进节能减排装备的使用,安徽省"三废"单位工业增加值排放量近五年呈下降趋势,其中,单位工业增加值工业二氧化硫、工业废水和工业废气排放量连续五年下降。截至2016年,单位工业增加值工业二氧化硫、烟(粉)尘、工业废水和工业废气排放量以及单位工业增加值固体废物产生量分别为23.9吨/亿元、27.21吨/亿元、5.1万吨/亿元、2.61元/标立方米、1.3万吨/亿元,较2011年分别下降66.76%、55.10%、51.21%、41.88%、23.16%(图3-5~图3-6)。

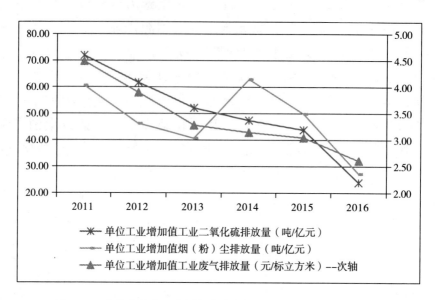

图 3-5 安徽省单位工业增加值废气排放情况（2011—2016 年）

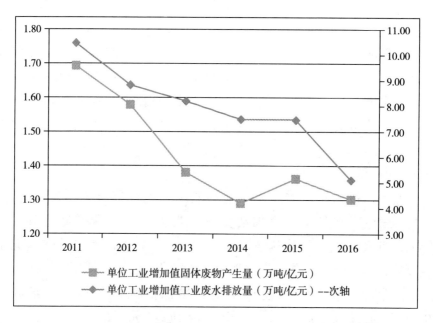

图 3-6 安徽省单位工业增加值废固和废水排放情况（2011—2016 年）

从循环利用角度看，安徽省全面推行循环生产方式，推进资源高效循环利用和再制造产业发展，资源循环利用效率不断提高。一是工业固体废物综合利用率稳中有升，截至"十二五"末，安徽省工业固体废物年综合利用量 1.17 亿吨，综合利用率由 2011 年的 78.7% 提高到 2015 年的 88.48%（图 3-7）；二是垃圾无害化处理率桌布提高，截至"十二五"末，安徽省已建成投运垃圾焚烧发电厂 12 座，日处理垃圾量 8600 吨，在建垃圾焚烧发电厂 14 座；三是危险废物处置能力有所加强，截至 2016 年，省内拥有国家规划的 3 处危险废物处置中心和 15 处医疗废物处置中心，持有危险废物经营许可证企业达 90 家。

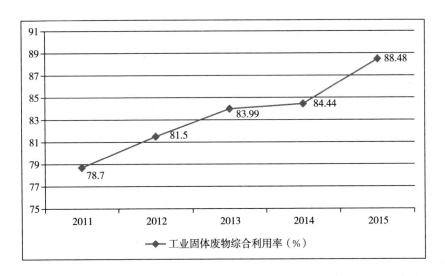

图 3-7　安徽省单位工业固体废物综合利用率情况（2011—2015 年）

二、集成化发展成关注热点

从系统集成角度看，安徽省关注绿色制造产品生命周期全过程，将绿色制造产品功能目标体系、工艺设计与材料选择系统、产品使用与应用需求、制造过程信息等作为集成化发展重点领域，重点关注绿色制造系统集成项目的通用性和标准引领作用。2016 年和 2017 年遴选了两批共 10 个绿色制造系统集成项目，获国家财政 9140 万元启动资金补助（表 3-4）。

表 3-4   安徽省绿色制造系统集成项目名单

序号	项目	所属企业	批次
1	全氧燃烧窑炉及主生产线节能减排技术研发项目	彩虹（合肥）光伏有限公司	第一批
2	年产1.5万吨邻苯二胺清洁化生产技改项目	安徽东至广信农化有限公司	
3	车载智能化数字信息交互平台绿色制造项目	黄山金马股份有限公司	
4	主食工业化与营养餐绿色设计平台建设项目	安徽青松食品有限公司	
5	集成电路封装绿色关键工艺突破系统集成项目	安徽国晶微电子有限公司	第二批
6	中式烘焙食品精益生产与质量溯源绿色设计平台建设项目	安徽侬安康食品有限公司	
7	环保型耐候杆塔绿色设计平台集成应用技术	安徽宏源铁塔有限公司	
8	国V柴油机活塞绿色关键工艺系统集成项目	安徽省恒泰动力科技有限公司	
9	铝镁合金精密成型绿色关键工艺突破与集成应用示范项目	凤阳爱尔思轻合金精密成型有限公司	
10	蓄热式电采暖装备绿色关键工艺系统集成项目	安徽安泽电工有限公司	

从智能化融合角度看，绿色制造的集成化发展离不开智能化融合，因为绿色制造的决策目标是将现有制造系统目标体系与资源消耗以及环境影响目标体系金融融合集成，这种集成要基于人工智能和智能制造系统。安徽省绿色制造在与智能化融合方面正在积极推进，已将绿色制造作为智能制造的重要组成部分，纳入制造强省建设体系当中，智能化集成将是安徽省绿色制造未来发展的重点。

三、集群化发展态势明显

从产业集聚区域发展角度看，安徽省绿色制造重点围绕节能、环保、资源循环利用、节能环保服务等领域，已形成多个特色鲜明的区域性产业集聚区。其中，节能技术装备产业主要向合肥、芜湖、蚌埠、滁州集聚，产品以余热余压利用、高效变压器、节能电机、节能家电、节能环保汽车、节能建材、节能照明等技术装备为主；环保技术装备主要集聚在合肥、蚌埠、铜陵、阜阳等地，产品以"三废"污染防治技术和处理设备、脱硫脱硝设备、环保材料和药剂、环境检测仪器等为主；资源循环利用产业主要集聚在合肥、阜阳、安庆、铜陵等市，产品以工业废弃资源回收再利用、垃圾焚烧发电装备、秸秆综合利用装备、绿色再制造等为主；节能环保服务以合肥、芜湖和蚌埠为核心，重点发展能源合同管理，节能环保工程设计、施工及运营总包服务，产品绿色（生态）设计服务，节能环保产品认证、能效审核、环境监测评价和投资风险评估等服务。

从产业集聚集中度角度看，安徽省绿色制造产业主要集中在合肥、蚌埠、芜湖、马鞍山、阜阳、安庆、铜陵等市。据不完全统计，合肥、蚌埠、芜湖、马鞍山、阜阳五市节能环保产业工业总产值占安徽省的67%左右；合肥、芜湖、蚌埠三市节能环保生产和服务占安徽省总量近70%；合肥、蚌埠两市集中了安徽省环境保护装备和产品总销售收入60%左右，铜陵、阜阳资源循环利用走在安徽省前列。此外，安徽省"十三五"节能环保产业发展规划还指出，到2020年，培育一批具有国际竞争力的大型节能环保企业集团，在节能环保产业重点领域培育骨干企业100家以上。形成20个产业配套能力强、辐射带动作用大、服务保障水平高的节能环保产业集聚区。

四、服务化发展态势显现端倪

从服务理念转变角度看，一方面是绿色制造生产企业产品设计服务理念向绿色设计转变，越来越统筹考虑产品全生命周期绿色化管理，产品绿色设计将以生态设计、环境设计为核心，以满足用户绿色消费需求；二是绿色制造服务型企业服务理念向专业化服务转变，绿色制造服务型企业逐渐由咨询、评估、监测、检验检测、审计、认证等单一服务向"一站式"服务转变，服务专业化程度越来越高。

从第三方服务角度看，随着近几年安徽省对绿色制造的重视程度越来越高，催生了一大批绿色制造第三方服务机构，其中，安徽省安泰科技股份有限公司、安徽节源环保科技有限公司、安徽文鼎能源投资管理有限公司上榜中国节能服务公司百强榜榜单，安徽省方圆质量技术评价中心、马鞍山焓谷能源审计有限公司、安徽天方工业工程技术研究院有限公司入选了工信部工业节能与绿色发展评价中心。此外，安徽省正在加大力度实施环境污染第三方治理，鼓励电力、化工、钢铁、采矿、纺织、造纸、畜禽养殖等行业企业将环境治理业务剥离并交由第三方治理，并做好环境污染第三方治理试点评估工作。

低碳化、集成化、集群化、服务化等"四化"发展集中体现了安徽制造业近年来绿色发展所表现出来的主要趋势，这种发展趋势符合生态文明建设和产业转型升级对制造业绿色发展所提出的要求，代表着安徽制造业绿色化发展价值取向，是培育新技术、新业态、新产业、新模式四新经济的重要出发点和落脚点，也是安徽实现制造业环境友好发展、高效发展所必须要遵循的规律。

资源与环境问题是人类面临的共同挑战，可持续发展日益成为全球共识，特别是在应对国际金融危机和气候变化背景下，推动绿色增长、实施绿色新政是全球主要经济体的共同选择，发展绿色经济、抢占未来全球竞争的制高点已成为国家重要战略。安徽省制造业的发展基于清洁、高效、低碳、循环等绿色发展理念，将绿色发展贯彻落实到制造业生产全生命周期，已初步形成具有安徽特色的绿色制造发展体系。

第四章　安徽省制造业绿色发展水平评价

基于我省当前绿色发展转型升级的背景，本章根据 2003—2016 年的数据从经济发展基础、科研技术支撑力度、绿色发展现状以及资源环境情况的 23 项指标对安徽省的绿色制造业发展趋势做出评价；并将安徽省与中部其他省份进行比较，对安徽省制造业绿色发展水平做评价。

第一节　安徽省绿色制造业的发展基础

一个地区的制造业绿色发展离不开该地区经济基础的支撑和科学技术的推动以及其对绿色发展的投资力度。为此，本节分析了安徽省的经济发展现状，经济发展潜力和经济投资力度，从而对安徽省制造业绿色发展基础较为客观全面的认识。

一、经济发展现状

近年来，安徽省坚持稳中求进工作总基调，以推进供给侧结构性改革为主线，新的动能加快成长，好的态势持续显现，经济社会持续稳定健康发展。

由图 4-1 可以看出，安徽省 GDP 由 2003 年的 3923 亿元迅速发展至 2017 年的 27518.7 亿元，人均 GDP 由 2003 年的 6375 元上升至 2017 年的 44206 元。安徽省 GDP 增长迅速，2016 年和 2017 年 GDP 总量增速均超过 8.5%，同时 2017 年人均 GDP 超过 44000 元。与全国人均相比，全国人均 GDP 由 2003 年的 10666 元增长至 2017 年的

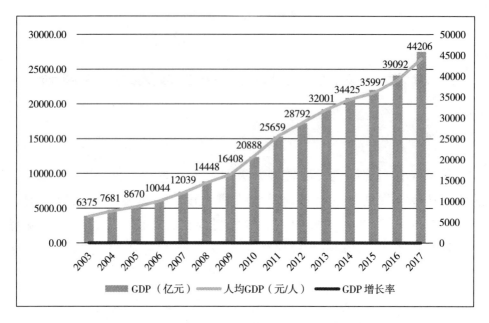

图 4-1 2003—2017 年安徽省 GDP 发展效率

59660 元，虽然在数额上安徽省人均 GDP 低于全国人均数额，但 2017年人均 GDP 的增长速度为 13.08%，显著高于全国的人均 GDP 增长速度（6.3%）。

二、经济发展潜力

按照省第十次党代会及实施五大发展行动计划的总体部署，紧紧对接全省创新需求，进一步优化创新科研项目资金使用和管理方式，促进形成充满活力的科技管理和运行机制，更好激发广大科研人员积极性和创造性，加快建设创新协调绿色开放共享的美好安徽。安徽省对科学研究的投入也在逐步增大，与此相对，安徽省科研投入对经济的影响也在逐年加大。

由图 4-2 看出，近 14 年安徽省对于科研经费的支出的投入呈现平稳上升趋势，由 2003 年的 32.4219 亿元增加到 2016 年的 475.13 亿元，这不但可以说明我省对于科研发展的重视，也可以反映出我省科研能力的不断提升。

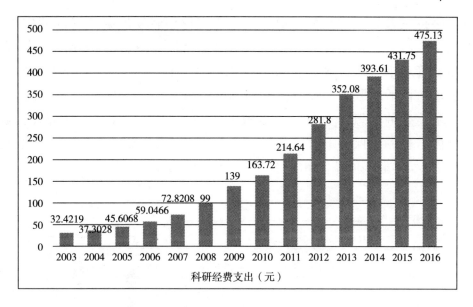

图 4-2　2003—2016 年安徽省科研经费支出

　　然而结合图 4-3，通过与长三角地区两省一市和其他中部省份的科研经费支出对比，可以看出安徽省科研投入力度不但与上海、江苏和浙江存在明显差距，在中部省份中处于中游水平。这说明我省的科研发展的能力相对中部其他省份而言还是较弱。

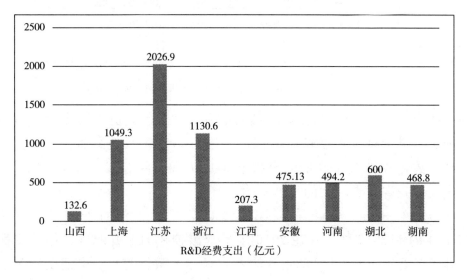

图 4-3　2016 年长三角地区两省一市和中部六省科研经费支出

　　坚持以人为本。充分认识人才作为支撑创新发展第一资源的作用，以调动科研人员积极性和创造性为出发点和落脚点，在科研项目经费使用和管理中体现科研人员智力价值，让科研项目资金充分为科研人员的创造性活动服务，让财富在科研活动和经济发展的链条中涌流。

　　基于这种构想，安徽省一直致力于科研人员的培养，科研人员数量总体上也一直保持上升趋势，由图 4-4 可得，安徽省科研人员的数量从 2003 年的 86017 人增加到了 2016 年的 373700 人。

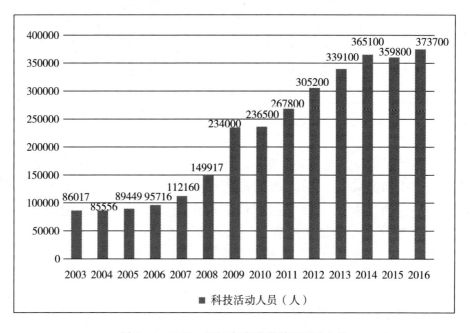

图 4-4　2003—2016 年安徽省科研活动人员

　　结合图 4-5 可以看出，安徽省的 R&D 活动人员人数在中部各省中仅次于科学科研程度较高的江苏和浙江，高于其他各省 R&D 活动人员人数，科研人才数量的突出必将成为我省绿色发展的重要支撑，也代表着我省具有较大的发展潜力。

　　由图 4-6 知，安徽省专利申请受理量由 2003 年的 2676 件增加到 2016 年的 172552 件，并在 2016 年呈现出较大的上升幅度。结合安徽省科研经费支出对 GDP 的占比来看，虽然安徽省的专利申请受理量近几年以较高的增长率增长，但科研经费支出对 GDP 的占比并没有以相

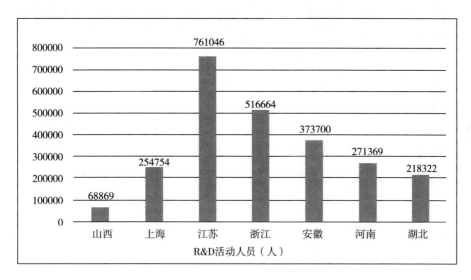

图 4 - 5　2016 年长三角地区两省一市和中部各省 R&D 活动人员

同的速率来增长，反而是以一种较为缓慢的速率在增长，这进一步说明安徽省的科研活动效率在逐渐变高。

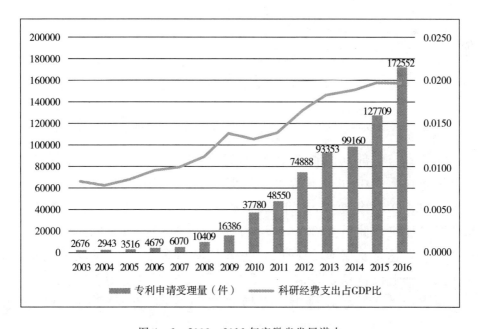

图 4 - 6　2003—2016 年安徽省发展潜力

但另一方面，安徽省的科研发展能力虽然较之其本省有了大幅的进步和提高，但是比起由长三角两省一市和中部其他省份，也不尽然乐观。

图 4-7 对比了安徽省与长三角两省一市从 2003 年至 2016 年的专利申请数量，安徽省自 2003 年至 2013 年，一直处于专利申请数量最少的位置，直至 2013 年后才逐渐赶超上海，但不可否认的是安徽省人口基数远大于上海，因此可以认为安徽省较之长三角发达省份，科研能力较弱，科研成果数量明显不足。

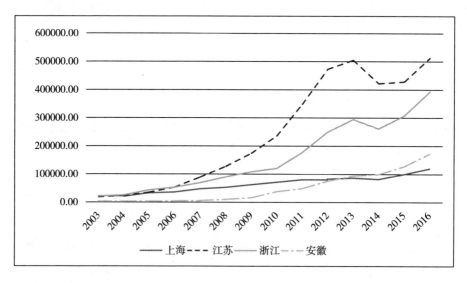

图 4-7 2003—2016 年长三角地区两省一市和安徽省专利申请受理量（件）

安徽省与中部其他省份相比较，如图 4-8 所示，2003 年的专利申请受理量在 9 省中处于下游水平，但安徽省专利受理量增长速度在 9 省中较快，2003 年至 2009 年增加缓慢，2009 年之后专利受理量增加速度明显加快，此后至 2016 年一直处于领先位置，因此在我们认识到安徽省与发达地区差距的同时，也要注意到安徽省科研能力的进步，并在此基础上保持稳定发展，为我省绿色发展提供动力。

观察图 4-9 可以得出，安徽省在 2016 年的 R&D 经费支出占 GDP 比低于上海、江苏和浙江等科研发达省市，但在中部六省中最高，说明了安徽省对于科研活动投入的力度在中部六省中比较大。

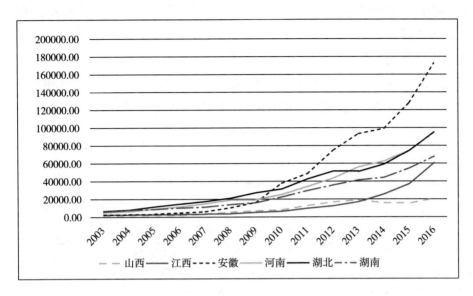

图 4-8　2003—2016 年中部六省专利申请受理量（件）

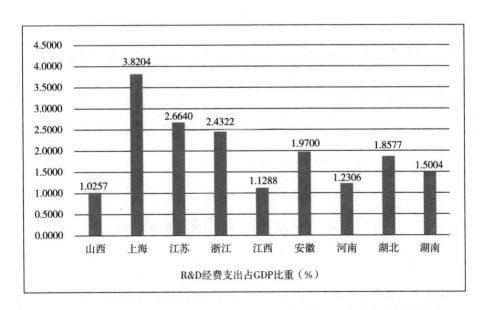

图 4-9　2016 年长三角地区两省一市和中部六省 R&D 经费支出占 GDP 比重

　　总体而言，近年来安徽省在科研经费支出、科技活动人员数、科研经费支出占 GDP 的比重以及专利申请量等方面提升迅速，科技研发能力大幅提升，经济发展潜力巨大。

对于制造业来说，固定资产投资目前仍然是拉动经济增长、促进制造业发展的重要手段，图 4 - 10 分析了安徽省 2004 年至 2016 年制造业固定资产投资的趋势，发现安徽省对于固定资产的投资一直保持上升趋势，从 2004 年的 460.8 亿元上升为 2016 年的 10361.9333 亿元，并且一直保持较高增速，体现了安徽省对于制造业发展的强力推进。

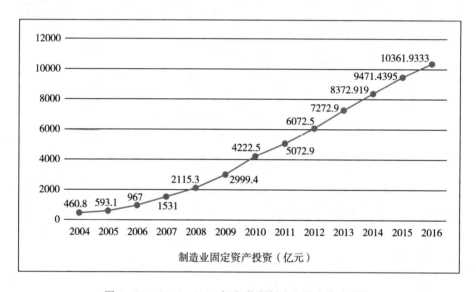

图 4 - 10　2004—2016 年安徽省制造业固定资产投资

第二节　安徽省绿色发展基本状况

绿色发展是以效率、和谐、持续为目标的经济增长和社会发展方式，因此安徽省的资源环境现状是评价其是否符合绿色发展理念的重要指标。本节为了分析安徽省绿色发展基本状况，分别观测了安徽省的资源消耗现状、环境影响现状和自然生态现状三个方面的各项指标，并且做了横向和纵向两个维度的评价。

一、资源消耗现状

伴随着经济发展的是人类对自然资源掠夺式的开发和消耗。这段时期，资源消耗的越多，经济增长就越快。但由于科技和意识的原因人类对资源的利用率和节约资源的意识都是非常低的，虽然资源的消耗和经济增长是成正比的，但是其比率是很低的，因此在新形势下，安徽省必须迫切转变经济发展方式，向绿色经济发展方式转型，资源消耗是区域经济绿色发展的重要衡量指标。

由图 4-11 中 2003—2016 年安徽省万元产值能耗（吨标准煤）可以看出，安徽省万元产值能耗从 2003 年到 2016 年总体趋势逐渐下降。安徽省万元产值能耗随着年份的增加逐年减少，从 2003 年万元产值消耗 1.39 吨标准煤下降到 2016 年万元产值能耗仅消耗 0.531 吨标准煤，下降 61.59%。

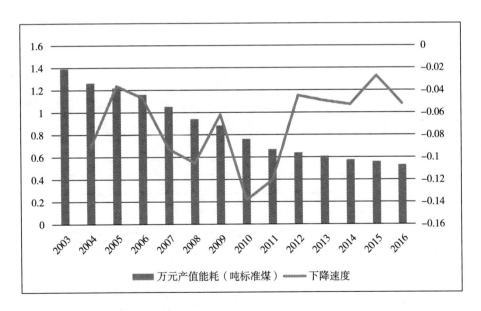

图 4-11　2003—2016 年安徽省万元产值能耗（吨标准煤）

由图 4-12 可知，与长三角地区两省一市相比，2003 年安徽省万元产值能耗明显高于长三角两省一市，随着万元产值能耗的逐年减少，安徽省的万元产值能耗仍然高于长三角两省一市，并且两省一市的生产能耗较接近，这说明安徽省在节约能源方面与发达地区相比还是有进步空间。

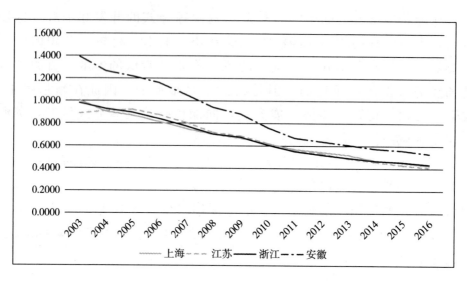

图 4-12　2003—2016 年长三角地区两省一市和安徽省万元产值能耗（吨标准煤）

观察图 4-13，与中部其他省份相比，安徽省从 2003 年起就保持着产值能耗较低的状态，只比江西省略高，从 2013 年至 2016 年随着各省对节约能源的重视，安徽省的产值能耗高于江西和湖北，总体上在中部六省中还是处于产值能耗较低的状态。

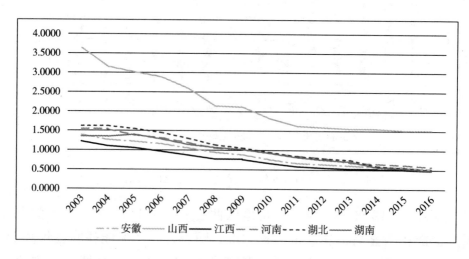

图 4-13　2003—2016 年中部六省万元产值能耗（吨标准煤）

根据图 4-14 可以发现，安徽省万元产值水耗从 2003 年到 2016 年总体趋势逐渐下降，除 2006、2015 年水耗小幅增长（2006 年增长 6.87 立方米，2015 年增长 0.687 立方米）外，其他各年份安徽省万元产值水耗随着年份的增加逐年减少，从 2003 年万元产值消耗 455.25 立方米下降到 2016 年万元产值仅消耗 120.53 立方米，下降 73.52%。安徽省万元产值水耗下降速度在 2007 年达到最大（—20.33%）。

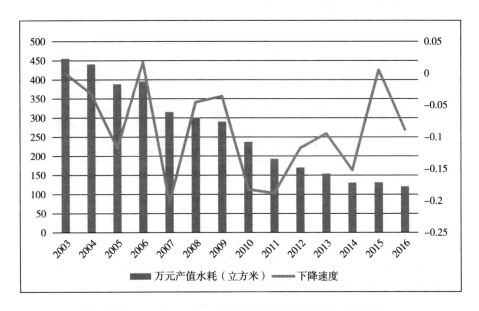

图 4-14 2003—2016 年安徽省万元产值水耗（立方米）

结合图 4-15 与图 4-16，将安徽省与长三角两省一市和中部其他省份相比较，可知从 2003 年至 2016 年安徽省万元产值水耗始终较高，长三角两省一市和中部六省的万元产值水耗总体均呈现逐年减少的趋势，与长三角两省一市相比，安徽省在万元产值水耗上还是较高，各年水耗均高于长三角两省一市；与中部其他各省相比，安徽省也没有明显优势，各年份万元产值水耗明显高于山西、河南两省，与湖北省相比较，除 2003 年低于湖北省（388.64 立方米）外，其他各年份均高于湖北省，湖南省 2003 年至 2007 年万元产值水耗高于安徽省，2007 年至 2015 年低于安徽省，中部其他省中，只有江西省的万元产值水耗是明显高于安徽省的，但到 2016 年江西省的万元产值水耗已经低于安徽省，安徽省在中部九省中的万元产值水耗最高，意味着安徽省与各省份相比节水能力较弱。

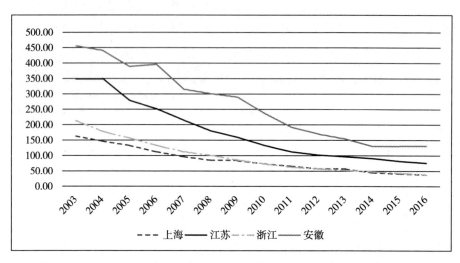

图 4 - 15　2003—2016 年长三角地区两省一市和安徽万元产值水耗（立方米）

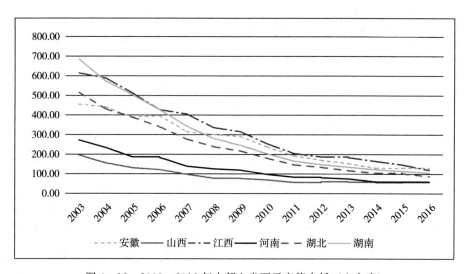

图 4 - 16　2003—2016 年中部六省万元产值水耗（立方米）

二、环境影响现状

随着经济的快速发展，伴随而来的环境问题日益突出，如图 4 - 17所示，安徽省的固体废弃物从 2003 年的 3522 万吨迅速增长至

2016 年的 12653 万吨，2005 年固体废弃物增长速度加快，2008 年增长速度达到最快，为 27.00%，其后两年增长速度下降，到 2011 年又急剧增加，增速达到 25.28%，2012 年至 2016 年安徽省固体废物产生量基本保持稳定，虽然 2015 年又少量上升，但在 2016 年的治理下又

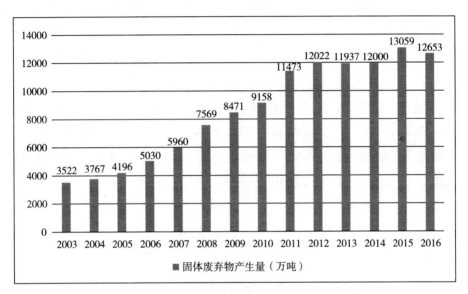

图 4-17　2003—2016 年安徽省固体废弃物产生量

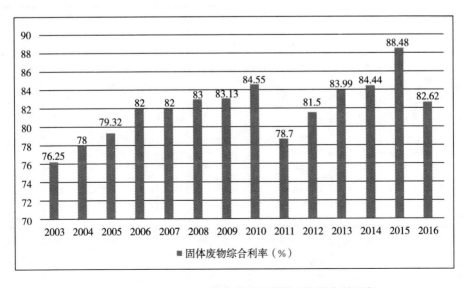

图 4-18　2003—2016 年安徽省固体废弃物综合利用率

继续减少为 12653 万吨。

安徽省固体废物产生量在逐年增加的同时，固体废物综合利用率也在逐年上升，2011 年安徽省固体废物产生量迅速增加至 11473 万吨，但综合利用率却有所下降，仅有 78.7% 的固体废物被利用，除2011 年之外，安徽省其他年份固体废物综合利用率均呈上升趋势，到2015 年固体废物综合利用率高达 88.48%，然而在 2016 年又下降为82.62%，虽然相较之前的高利用率有所差距，但仍是对固体废弃物比较高的利用率，安徽省还需在此方面再接再厉。

由表 4-1 可知，与长三角两省一市和中部其他省份比较，固废综合利用率明显低于长三角两省一市，但在中部六省中固废利用率处于上游水平，较中部其余各省份，安徽省的固废综合利用率各年份均高于其他各省，其中江西省利用率最低，2015 年仅达到 40.63%，低于安徽省 2003 年水平。2016 年，可以观察到除了上海，九省对固体废物的利用率均有不同程度的下降，但安徽省在利用率上还保持着在九省中上游的水平，固体废物利用率为 82.62%，排在第 4 位。

表 4-1 2003—2016 年长三角地区两省一市和中部六省固体废物综合利用率

单位：%

年份	江苏	浙江	上海	山西	江西	安徽	河南	湖北	湖南
2003	93.96	85.67	98.98	35.50	12.77	76.25	58.97	58.75	50.40
2004	93.80	87.28	97.80	41.01	22.86	78.00	58.90	58.60	55.54
2005	94.55	92.00	95.94	41.80	25.05	79.32	60.33	60.18	60.73
2006	94.24	89.61	94.35	41.92	33.16	82.00	64.50	60.51	62.28
2007	96.52	89.75	93.34	46.06	32.83	82.00	63.15	66.40	63.61
2008	96.96	87.28	94.92	53.58	36.15	83.00	72.61	72.62	70.80
2009	95.93	90.00	95.78	57.92	38.23	83.13	72.86	72.43	67.80
2010	94.32	90.05	95.46	55.21	39.10	84.55	71.20	74.38	64.97
2011	92.72	90.10	95.14	52.51	39.98	78.70	69.54	76.33	62.14
2012	88.74	90.17	96.88	65.72	38.37	81.50	73.35	71.82	57.19
2013	95.01	94.07	94.95	59.65	39.56	83.99	74.56	72.11	57.64

（续表）

年份	江苏	浙江	上海	山西	江西	安徽	河南	湖北	湖南
2014	95.23	93.90	97.41	59.52	40.01	84.44	74.06	74.62	57.72
2015	94.52	94.50	96.09	50.70	40.63	88.48	74.96	63.77	61.67
2016	91.3	89.34	96.15	48.3	38.04	82.62	73.6	60.93	73.53

安徽省废水排放量呈现无规则变动状态，如图 4 - 19 所示，2005 年第一次小幅下降，减少 567 万吨，下降 0.89%；2008 年大幅下降 8.90%，减少 6546 万吨废水；2010 年至 2012 年逐年下降，分别减少 2470 万吨、251 万吨、3545 万吨；2013 年迅速增加 3797 万吨至 70972 万吨，经过 2014 年减少 1392 万吨，2015 年又增加至 71436 万吨，在 2016 年安徽省的废水排放量明显下降，减少 21811 万吨，下降了 30.53%，可见安徽省 2016 年的污水治理卓有成效。

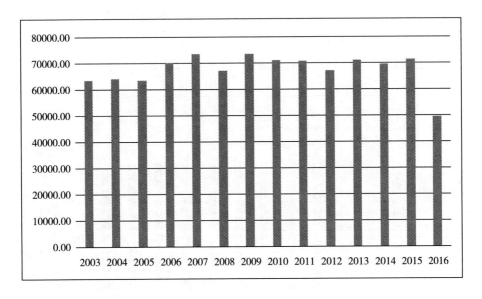

图 4 - 19　2003—2016 年安徽省废水排放量（万吨）

如图 4 - 20 所示，与长三角两省一市相比，2016 年安徽省废水排放量仅高于上海市，明显低于江苏、浙江两省；在中部六省中，安徽省废水排放量低于河南、湖南、湖北三省。

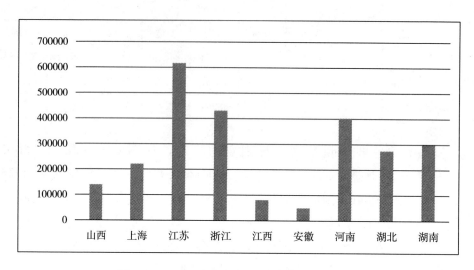

图 4-20 2016 年中部九省废水排放量（万吨）

除固体废物和废水之外，废气二氧化硫排放量也是影响环境的重要指标。由图 4-21 可以看出，安徽省二氧化硫排放量增长幅度较小，2005 年增幅最大，为 15.9％，从 2011 年起排放量呈现稳步逐年下降趋势，到 2016 年安徽省二氧化硫排放量为 23.24 万吨，与 2003 年相

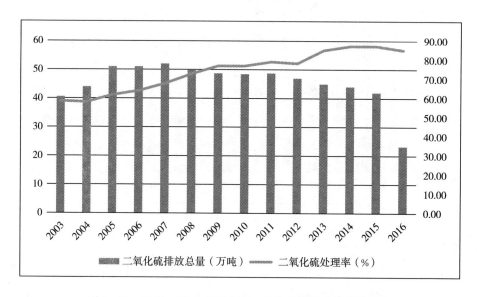

图 4-21 2003—2016 年安徽省二氧化硫排放总量及处理率

比，减少了 42.67%。另外，由图 4-21 还可以看出，安徽省二氧化硫排放量逐年下降的同时，随着科技的进步和对环境的监控保护，安徽省二氧化硫处理率在稳步上升，由 2003 年 58.55% 的处理率上升至 2016 年 85.36% 的处理率。

将安徽省与长三角两省一市和中部六省比较可得，2015 年安徽省的二氧化硫污染程度处于较轻水平，仅高于上海市二氧化硫排放量，如图 4-22 所示。

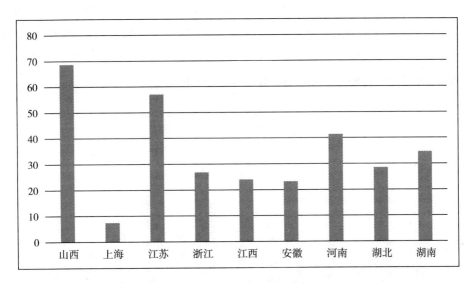

图 4-22　2016 年长三角地区两省一市和中部六省二氧化硫排放总量

总的来说，安徽省对环境保护问题和空气治理问题有着高度重视的态度，在目前环境治理的基础上，安徽省应当实行最严格的生态环境保护制度，将突出环境问题整改工作作为重大的政治任务和民生实事摆在重要位置，是贯彻落实十九大精神的务实之举。要牢记发展的目的是为了让人民过上更加幸福的生活，破除工作惯性、机制惯性和思维惯性，将生态保护的理念植入生产、流通、消费、服务各环节。整改工作要压实责任，层层传导压力，厘清职责边界；要找准症结，尽快补差补缺，确保按期保质完成整改任务；要标本兼治，完善长效机制，确保整改完成的问题不反弹，要加强日常监管，充分运用网络化信息平台，形成监管合力，持之以恒地推进整改工作。

三、自然生态现状

由图 4-23 得出，安徽省自然保护区面积从 2003 年到 2016 年变化不大，在 2005 年有一次大幅度下降，自然保护区面积下降到 10.8 万公顷，2016 年相对于 2003 年也有较大幅度的下降，自然保护区面积减少了 7.3 万公顷，下降 13.75％。而自然保护区占辖区面积却有较大幅度的变化，2005 年的占辖区面积由 2004 年的 4.2％下降至 3.1％，而占辖区面积由 2.28 万公顷减少至 1.26 万公顷。14 年间安徽省自然保护区占辖区面积几经起伏，直至 2016 年安徽省自然保护区占辖区面积占自然保护区面积的 3.3％，和 2015 年保持相同，随着自然保护区面积的减少，占辖区面积也有所下降。

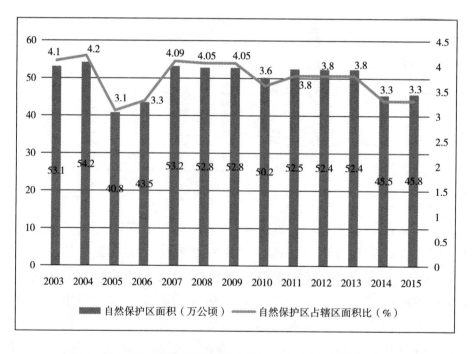

图 4-23　2003—2016 年安徽省自然保护区面积和占辖区面积比

根据图 4-24 可以发现，2003 年至 2016 年，安徽省的森林面积虽然每年变化幅度不大，但仍是在稳步增长，直到 2016 年与 2015 年保持不变，森林面积由 2003 年的 3170.5 千公顷增长至 2016 年的

3958.5 千公顷，总增长率达到 24.85%。森林覆盖率随着森林面积的稳步增长也在逐年增加，从 2003 年的 22.95% 增加至 2016 年的 28.65%。

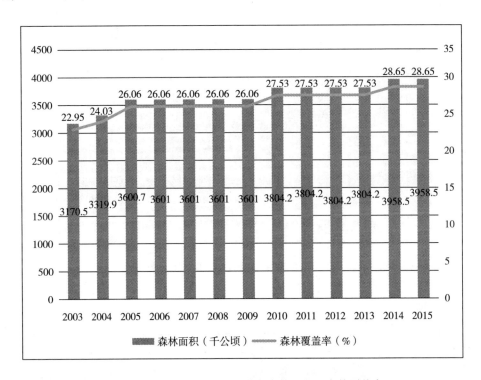

图 4-24 2003—2016 年安徽省森林面积和森林覆盖率

相对于森林面积的逐年增加，根据图 4-25 可以发现，安徽省湿地面积从 2003 年至 2012 年间无明显变化，一直保持在 653.9 千公顷，直到 2013 年安徽省湿地面积突增 387.9 千公顷至 1041.8 千公顷，至 2016 年保持不变。湿地占辖区面积比在 2012 年由 4.73% 突增至 7.46%，其余年份均无明显变化。

观察图 4-26 发现，2003 年至 2016 年间安徽省沙化面积和湿地面积变化趋势正好相反，沙化面积在 2003 至 2009 年保持 12.69 万公顷不变，在 2010 年猛降至 12.05 万公顷，直至 2016 年保持不变。安徽省沙化面积占辖区面积比也有相同的变化趋势，于 2010 年下降至 0.87% 后保持至 2016 年不变。

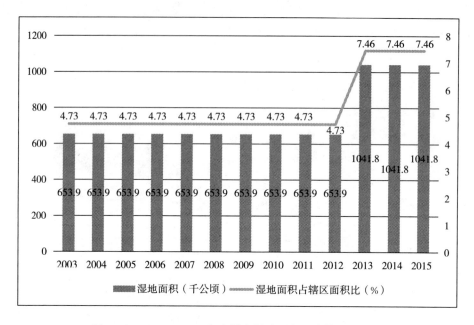

图 4 - 25 2003—2015 年安徽省湿地面积和占辖区面积比

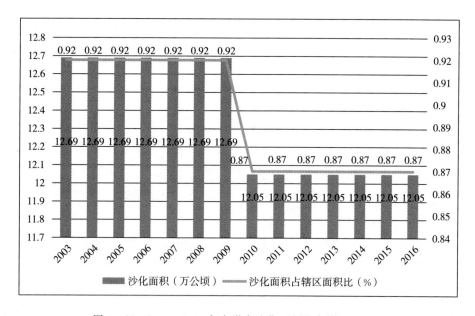

图 4 - 26 2003—2016 年安徽省沙化面积和占辖区面积比

由表 4-2，将安徽省 2016 年的湿地面积占辖区面积比与长三角两省一市和中部其他各省份相比较，安徽省湿地占辖区面积比明显少于长三角两省一市，在中部地区属于上游水平，仅稍低于湖北省（湖北省湿地面积占辖区面积比为 7.77%），高于中部其他 4 省。与长三角两省一市和中部其他省相比，2015 年安徽省的自然保护区占辖区面积（1.51 万公顷）处于下游水平，仅高于浙江省（0.34 万公顷）和上海市（1.02 万公顷），但上海市的湿地占辖区面积比（7.50%）远高于安徽省。与长三角两省一市和中部其他各省份相比，安徽省的森林覆盖率仍处于中游水平，低于浙江、江西、湖北和湖南四省。在管理土地沙化问题方面，相较于土地沙化问题最严重的河南省和土地沙化较严重的江苏省和山西省，安徽省的土地沙化程度较轻，但治理效果仍然不及土地沙化程度非常小的浙江、上海、江西、湖南和湖北各省。

表 4-2 2016 年长三角两省一市和中部六省各自然生态指标对比

	自然保护区占辖区面积比（%）	森林覆盖率（%）	湿地占辖区面积比（%）	沙化面积占辖区面积比（%）
江苏	3.90	15.80	27.51	5.45
浙江	1.70	59.07	10.91	0.001
上海	7.50	10.70	73.27	0.00
山西	7.09	18.03	0.97	3.94
江西	7.40	60.00	5.45	0.04
安徽	3.30	28.65	7.46	0.87
河南	4.45	21.50	3.76	62.86
湖北	5.70	38.40	7.77	0.11
湖南	6.20	47.80	4.81	0.03

总的来说，由图 4-27 来观察长三角两省一市和中部六省的自然生态指标情况，一方面安徽省不论是森林覆盖率，自然保护区占辖区面积比还是湿地面积占辖区面积比都在长三角两省一市和中部六省中处于较低水平。

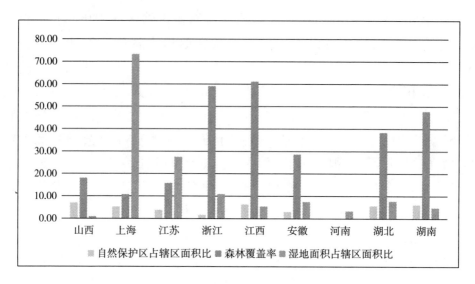

图 4 - 27　2016 年长三角两省一市和中部六省各自然生态指标对比图

　　另一方面，安徽省在土地沙化问题的治理上取得了不错的成果，沙化程度在长三角两省一市和中部六省中处于较轻程度，如图 4 - 28 所示，接下来安徽省应当在此基础上巩固治理成果，调整弱项指标，加快促进安徽省绿色经济发展。

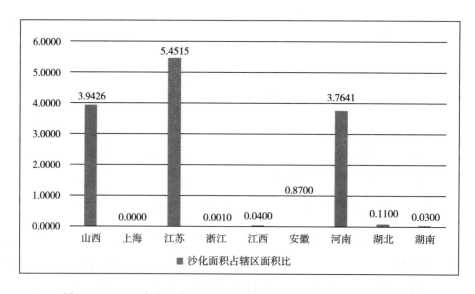

图 4 - 28　2016 年长三角两省一市和中部六省沙化面积占辖区面积比

第三节 安徽绿色制造业发展综合评价

随着区域经济增长和区域经济转型发展，制造业绿色发展正日益受到关注。因此，如何综合评价区域绿色制造业的发展状况并进行区域间的比较分析，将有助于区域进一步推进绿色制造业的深度发展。对此，本研究将在上述描述统计分析基础上，进一步采用组合评价方法对安徽等九省的绿色制造业进行综合评价和比较分析。

一、指标选取

根据绿色制造业评价内容的全面性、结构的系统性、数据的可获得性和区域绿色制造业发展的关注核心，从发展基础和绿色评价这两个一级指标以及制造业绿色发展基础、资源消耗和环境影响等几个方面的二级指标，选取安徽等九省的评价指标。区域绿色制造业发展综合评价指标体系见表 4-3 所列。

表 4-3 区域绿色制造业发展综合评价指标体系

发展基础评价指标 X_1	发展总量指标 X_{11}	工业增加值（亿元）
		制造业固定资产投资（亿元）
	发展效率指标 X_{12}	人均 GDP（元/人）
		GDP 增长率（%）
	发展潜力指标 X_{13}	R&D 经费支出（亿元）
		R&D 经费支出占 GDP 比（%）
		R&D 活动人员（人）
		专利申请受理量（件）
绿色评价指标 X_2	自然生态基础指标 X_{21}	自然保护区面积（万公顷）
		自然保护区占辖区面积
		森林面积（千公顷）
		森林覆盖率

（续表）

绿色评价指标 X_2	自然生态基础指标 X_{21}	湿地面积（千公顷）
		湿地面积占辖区面积比
		沙化面积（万公顷）
		沙化面积占辖区面积比
	资源消耗指标 X_{22}	万元产值能耗（吨标准煤）
		万元产值水耗（立方米）
	环境影响指标 X_{23}	固体废弃物综合利用率
		固体废弃物产生量（万吨）
		废水排放总量（万吨）
		二氧化硫排放总量（万吨）

二、指标数据的同向化和标准化处理

由于指标可分为正向指标、逆向指标与适度指标。对此本研究首先对各指标进行同向化处理。正向指标保持不变。逆向指标则通过 $X' = 1/X$ 来调整，其中，X' 为调整后的指标值，X 为调整前的指标值。本研究的逆向指标包括沙化面积、沙化面积占辖区面积比、万元产值能耗、万元产值水耗、固体废弃物产生量、废水排放总量和二氧化硫排放总量。

另外，由于经济意义和表现形式的不同，各个定量指标之间并不具有可比性，因此，为了对各定指标进行科学的综合评价，须对各个指标予以标准化处理。本研究收集整理了安徽、山西等九省2016年的相关指标数据，并采用Z-score法将指标数据标准化。

三、综合评价方法选取

系统综合评价的目的是促使系统和谐、发展。首先是促进所研究的系统内部和谐发展，这最主要体现在系统结构分析与评价上，体现在检验系统内部是否和谐，促进系统动态平衡。第二个目的是促进系统和环境之间的和谐，体现在系统功能分析与评价上（郭翠荣等，

2012）。由于影响评价有效性的相关因素很多，综合评价的对象系统也常常是社会、经济、科技、教育、环境和管理等一些复杂系统。构成综合评价的基本要素有评价对象、评价指标体系、评价专家群体及其偏好结构、评价原则评价的侧重点和出发点、评价模型、评价环境实施综合评价的过程影响因素。

　　本研究主要是针对区域绿色制造业综合评价的一些探索。而组合评价方法是解决多方法评价结论的非一致性问题的重要方法。所谓多方法评价结论的非一致性是指，当对具有确定属性值的同一对象运用多种不同方法分别进行评价时结论存在差异，因此难以得到与客观实际相符的一致性评价。这个问题在现实中普遍存在，但至今还没有有效的解决办法。基于评价方法的组合评价，一是通过各种方法的组合，可以达到取长补短的效果。每种方法都有其自身的优点和缺点。它们的适用场合也并不完全相同通过将具有同种性质综合评价方法组合在一起，就能够使各种方法的缺点得到弥补，而同时兼具有各方法的优点。二是通过各种方法的组合，可以利用更多的信息。

　　因此，本研究将主要选取因子分析法、灰色综合评价法和熵值法来进行组合评价分析。因子分析法独特的降维方法、灰色综合评价在解决样本容量小问题的重要优势以及基于信息熵角度的多类指标独特综合评价的方法，正是适合于本研究评价指标数较多（22 个三级指标）、样本容量较小（9 个省际区域）和多类指标（包含有总量和相对、正逆双向等多类指标）的研究问题。

四、综合评价结果分析

　　通过样本数据正逆指标处理和标准化运算，运用因子分析法、灰色综合评价法和熵值法，对安徽、山西等九省际 2016 年区域绿色制造业进行综合评价，并在此基础上根据评价得分计算各排名的综合权重，最后得到组合评价的综合得分和排名。2016 年安徽等 9 省绿色制造业组合评价结果见表4－4所列。

　　运用因子分析法、灰色综合评价法和熵值法这三种单一综合评价方法，得到三种评价方法的结果。

表 4-4   2016 年安徽等 9 省绿色制造业组合评价结果

	因子分析法		灰色评价法		熵值法		组合评价	
	评价得分	排名	评价得分	排名	评价得分	排名	组合得分	排名
山西	−0.399	9	0.526	6	0.059	9	2.00	9
上海	0.098	3	0.579	2	0.117	2	7.67	2
江苏	1.232	1	0.723	1	0.209	1	9.00	1
浙江	0.147	2	0.535	3	0.103	4	7.00	3
江西	−0.345	8	0.533	5	0.070	7	3.33	7
安徽	−0.132	5	0.496	8	0.083	5	4.00	5
河南	−0.131	4	0.482	9	0.077	6	3.67	6
湖北	−0.182	6	0.533	4	0.113	3	5.67	4
湖南	−0.289	7	0.516	7	0.069	8	2.67	8

首先，因子分析法表明，安徽省绿色制造业综合评价排名第 5，处于 9 省排名的中游位置，领先于山西、江西、湖北和湖南，尤其是从评价得分上来看，与第一名江苏省的评价得分差距很大。

样本数据的灰色综合评价方法表明，安徽绿色制造业综合评价排名第 8，仅高于河南。相较于因子分析法，排名下降了 1 个位次。江苏省排名第 1，其次是上海和浙江。

熵值法评价表明，安徽省绿色制造业综合评价排名第 5，与因子分析法结果一致。领先于湖南、江西、河南和山西 4 省，但落后上海、浙江、江苏和湖北 4 个省际区域。

总体而言，三种单一综合评价方法，长三角两省一市的上海、浙江和江苏始终位居前三位，而安徽则基本处于中部六省的前三位。因此，在三种单一方法评价基础上，进一步根据距离理论，计算出三种评价方法的得分权重，并由此计算出相应的组合评价综合得分和排名（表 4-4）。

为进一步检验组合评价结果的有效性，计算出安徽等 9 省际区域绿色制造业评价结果的 Kendall's W 系数约为 0.89，统计量对应的 p 值近似等于 0，因此可以拒绝原假设，通过事前检验说明这三种评价方法的结果是一致的。也就是说我们可以认为三种单一综合评价方法得出的结果是有效的，长三角两省一市的上海、浙江和江苏始终位居前三位，而安徽则基本处于中部六省的前三位。同时，通过计算各单一计量结果与平均值法组合计量结果之间的关系，Spearman 秩相关系数呈现出高度正相关关系，并且通过了 t 检验，因此通过事后检验证明了平均值法的组合结果与原三种单一方法密切相关。

组合评价结果表明，安徽绿色制造业在浙江、江西等省际区域的综合排名为第 5 名，领先于河南、湖南、山西和江西。另外，长三角两省一市的综合排名与单一综合评价结果基本一致——位于 9 省市的前三位。在中部，安徽绿色制造业发展总体落后于湖北，在中部位居第 2 位，总体发展情况良好。

五、2016 年与 2015 年综合评价结果比较

将安徽省 2016 年的综合评价结果与 2015 年的结果进行比较（表 4-5），首先观察得出安徽省两年的组合评价结果排名并没有变化，都是第 5 名，这表示 2016 年安徽省在中部九省中的发展水平没有波动，仍然处于中游位置。然而对比两年因子分析法的结果，安徽省在 2016 年的因子法评价的结果排名上有比较大的变化。对于这种结果，我们一方面考虑到因子分析法在运行过程中对因子提取的价值性问题，另一方面也要认识到我省是否在某些指标上 2016 年的发展水平落后于其他省份，获取对安徽省绿色发展制造业现状的辩证认识。

表 4-5 安徽省 2016 年与 2015 年综合评价结果比较

年份	因子分析法排名	灰色评价法排名	熵值法排名	组合评价
2015	5	6	5	5
2016	8	5	5	5

总的来说，安徽省虽然仍与上海市、江苏省和浙江省的发展存在较大差距，但发展情况并没有落后于其他中部省份，这不但说明安徽省的发展仍存在进步空间，也表明了安徽省的发展动力强劲。因此，在《安徽省"十三五"环境保护规划》纲领的指引下，在安徽省全面

建成小康社会的关键阶段，在加强环境保护、建设生态强省的重要时期，加快产业结构升级，坚持贯彻新发展理念和绿色循环发展的关键节点上，安徽省将进一步提高资源环境承载力，促进经济社会发展与人口、资源、环境相协调，走可持续发展之路，促进安徽经济和制造业又好又快地发展。

第五章　安徽省制造业绿色发展的方向与路径

2015 年 5 月 8 日，国务院正式印发了《中国制造 2025》，指出绿色化是制造业发展的方向，明确提出要努力构建高效、清洁、低碳、循环的绿色制造体系。2015 年发布实施《中国制造 2025 安徽篇》，把绿色制造作为制造业转型升级的五大重点工程，2017 年又印发《安徽省"十三五"工业绿色发展规划》。本部分主要在借鉴国外和省外的经验基础之上，结合我省的实际，提出我省制造业绿色发展的方向和路径。

第一节　确定制造业绿色化发展方向和路径的意义

一、绿色制造的概念和内容

（一）绿色制造的概念

1996 年美国制造工程师学会（SME）在《绿色制造蓝皮书》中首次比较系统地提出绿色制造的概念，自此世界各国研究机构从不同角度和国情出发，对绿色制造的概念内涵进行探讨。美国制造工程师学会（SME）对绿色制造给出如下定义：绿色制造，又称清洁制造，目标是使产品从设计、生产、运输到回收处理的全过程对环境的负面影响达到最小，内涵是产品生命周期全过程均具有绿色性。我国路甬祥院士对绿色制造的定义是：绿色制造是指在保证产品的功能、质量和成本的前提下，综合考虑环境影响和资源效率的现代制造模式，使产品从设计、制造、使用到报废的整个生命周期中不产生环境污染或环境污染最小化，节约资源和能源，资源利用率最高，能源消耗最低，企业经济效益和社会生态效益协调最优化。

可以给绿色制造做如下定义：绿色制造是一种综合考虑环境影响和资源消耗的现代制造模式，其核心是将绿色理念和技术工艺贯穿制造业全产业链和产品全生命周期（核心），通过技术创新和系统优化（手段）做到制造业发展对环境负面影响最小、资源利用效率最高，从而实现经济效益、社会效益和生态环境效益协调并重（目标）。

（二）绿色制造的内容

绿色制造的主要内容有：绿色设计、绿色生产、绿色包装、绿色回收和处理等。

绿色设计，即在设计阶段就将环境因素和预防污染的措施纳入产品设计之中，将环境性能作为产品的设计目标和出发点，力求使产品对环境的影响达到最小。绿色设计是绿色制造的一个主要内容，一个好的绿色设计方案是绿色产品成功的关键一步。

绿色生产，又称清洁技术，主要研究产品制造过程中的有关技术，侧重于制造工艺方面。清洁生产是对生产过程和产品采取整体预防性的环境策略，以减少对人类与环境可能的危害。清洁生产包括清洁的生产过程和清洁的产品两方面的内容。

绿色包装技术包括：包装减量化原则，可重复利用原则，可回收再生原则，产生新价值原则，可降解化原则。在现实中，包装设计一般将注意力放在包装本身，主要考虑包装对于商品的保护功能、有关信息的传达以及商品竞争力的提升。

绿色回收和处理包括：产品可拆卸性，在产品报废以后其零部件能够高效地、不加破坏地拆卸，有利于零部件的重新利用和材料的循环再生，达到节省资源、保护环境的目的。

二、方向决定路径，路径决定政策的着力点

"路径"是朝着"方向"迈进的具体方法。目前，无论是学术文献还是政策文件，都可以寻找到"制造业绿色发展路径"的身影，但找不到"制造业绿色发展的方向"的论述。

2015 年 5 月 8 日，国务院正式印发了《中国制造 2025》，指出绿

色化是制造业发展的方向，明确提出了要努力构建高效、清洁、低碳、循环的绿色制造体系。随后，国家及安徽省又出台了一系列的配套文件和规划。它们把制造业的绿色发展与制造业的信息化提升作为实施《中国制造 2025》的双轮，把创新驱动作为推动《中国制造 2025》顺利实施的强大引擎，强调以制造业绿色改造升级为重点，以科技创新为支撑，以法规标准绿色监管制度为保障，以示范试点为抓手，加大政策支持力度，加快构建绿色制造体系，推动绿色产品、绿色工厂、绿色园区和绿色供应链全面发展，壮大绿色产业，增强国际竞争新优势，实现制造业高效清洁低碳循环和可持续发展，促进工业文明与生态文明和谐共融。但制造业绿色发展的方向又是什么？除了看到这些"双轮""引擎""重点""支撑""保障""抓手""体系"外，通过后面我们对相关政策和规划的分析中，能看到的与"方向"相关的内容主要有"指导思想""总体思路""发展目标"等，而在这些部分中却看不到明确的"发展方向"的表述。

通常来说，发展方向是长远的，是一种发展趋势，可能不断逼近但始终达不到，它是可以通过参照系判断行为结果是朝着既定方向迈进还是偏离了方向，它有时和目的、目标共用或混用，只不过方向是客观的，目的是主观的，当主观反映了客观，两者就一致了；发展目标是看得见、通过努力可以实现的，是可以通过具体指标表达的，是朝发展方向前进的节点，也就是说发展目标具有阶段性；主要任务是为实现阶段性目标眼前要先做什么，它是中短期的，是实现目标的关键，它有时和措施共用或混用。在"方向"不清晰条件下确定的"路径"就有可能存在一些问题。因此，我们认为，在目前制造业绿色发展方向不是很清晰的情况下，寻求它并审视制造业绿色发展的路径是有价值的。

三、制造业绿色发展学术文献中缺少"路径"和"方向"的研究

（一）关于制造业绿色发展方向的研究

关于制造业绿色发展的方向，我们唯一查到的文献是由国家制造强国建设战略咨询委员会和中国工程院战略咨询中心编著的 2016 年 5

月出版的《绿色制造》中，把绿色制造的主要发展方向概括为"五化"：产品设计生态化，强调在设计开发阶段就要综合考虑全生命周期的资源环境影响；生产过程清洁化，强调从源头提高资源利用效率，减少或避免污染物产生；能源利用高效化，强调生产过程节能和终端用能产品能效水平提升；回收再生资源化，强调使原本废弃的资源再次进入产品的制造环节；产业耦合一体化，强调企业间资源利用效率提升和污染物减排。但该作者在另一篇学术论文中把"五化"称作是绿色制造的主要发展趋势（李博洋，顾成奎. 中国区域绿色制造评价体系研究［J］. 工业经济论坛，2015.02）。

刘飞、曹华军、何乃军在《中国机械工程》2000年第2期发表的《绿色制造的研究现状与发展趋势》论文中把绿色制造的趋势总结为"六化"，即全球化、社会化、集成化、并行化、智能化和产业化。

另一个相近的提法是环保部规划研究院卢静、孙宁、刘双柳2016年8月对绿色制造目标的表述，即立足绿色、高端、低碳、清洁、循环发展原则，"以推进工业生产方式绿色化、产业发展高端化、能源利用低碳化、生产过程清洁化、资源利用高效化、污染排放最小化为目标"。

（二）关于制造业绿色发展路径的研究

国内的学者对制造业绿色发展的研究主要从五个方面展开：（1）绿色制造的必要性和发展趋势；（2）关于绿色制造的概念和内容的界定；（3）绿色制造的理论体系；（4）绿色制造面临的问题及对策；（5）绿色制造评价体系研究。

对制造业绿色发展路径的研究很难看到。目前的文献有：（1）工业和信息化部节能与综合利用司司长高云虎在《中国环境报》2015年6月18日撰文指出，制造业绿色发展的路径有四：对传统制造业进行绿色化改造；在重点区域、重点行业、重点流域推行清洁生产；推进先进制造业和战略性新兴产业的高起点、绿色化发展；大力推行生态设计。（2）董秋云（2017）提出制造业绿色转型主要从三个方面来推动：企业绿色转型意愿、来自政府和社会的外部压力以及企业具备绿色转型的能力。通过制度创新实现环境保护规制，通过技术创新提高资源利用效率，通过商业模式创新优化产品全生命周期的共同作用，是制造业实现绿色转型的基本路径。

四、制造业绿色发展政策体系中没有明确指出其"方向"和"路径"

（一）我国陆续出台了一系列绿色制造的相关政策以推动绿色制造的实施

为细化落实《中国制造 2025》提出的绿色化发展方向论述，我国在近两年密集发布了一系列绿色制造相关政策。这些规划、文件主要包括：2016 年 6 月，工信部印发《工业绿色发展规划（2016—2020 年）》；2016 年 8 月，工信部印发《绿色制造工程实施指南（2016—2020 年）》；2016 年 9 月，工信部印发《关于开展绿色制造体系建设的通知》；2016 年 9 月，工信部、国家标准委联合印发《绿色制造标准体系建设指南》；2016 年 11 月 24 日，财政部与工信部共同发布《关于开展绿色制造系统集成工作的通知》；2017 年 5 月 19 日，工业和信息化部制定《工业节能与绿色标准化行动计划（2017—2019 年）》等。

以上政策体系相互约束和支撑。《中国制造 2025》明确提出要积极构建绿色制造体系，走生态文明的发展道路，支持企业开发绿色产品、创建绿色工厂、建设绿色工业园区、打造绿色供应链、壮大绿色企业、强化绿色监管和开展绿色评价。《工业绿色发展规划（2016—2020 年）》和《绿色制造工程实施指南（2016—2020 年）》进一步对绿色制造体系建设的工作任务进行了细化，详细阐述了绿色制造体系的建设内容和"十三五"期间的阶段性目标。

（二）安徽省也相应出台了一系列绿色制造的相关政策

各省包括安徽也制定了相应的规划和实施细则或方案。安徽在制度设计上建立了 2025 安徽篇"1＋7＋7"配套政策体系。主要政策有：2015 年发布实施《中国制造 2025 安徽篇》，把绿色制造作为制造业转型升级的五大重点工程；2017 年制定《安徽省制造强省建设实施方案（2017—2021 年）》，把节能环保产业作为重点发展的七大高端产业之一，探索推行"集约＋循环"的绿色发展模式；2017 年制定《安徽省"十三五"工业发展规划》；2017 年印发《安徽省"十三五"工业绿色发展规划》，规划围绕加强工业节能、促进清洁生产、强化资源综合利用、壮大节能环保产业、绿色制造体系建设等工业绿色发展重点工作，阐明我省"十三五"工业绿色发展的指导思想、发展目标、主要任务和保障措施；2017 年制定《安徽省绿色制造体系建设实施方案》，并进一步制定了《安徽省绿色工厂建设评价和管理办法（试行）》等。

（三）制造业绿色发展政策体系中没有明确指出其"方向"

在各省的绿色工业发展规划中，关于"方向"的描述最应该放在"指导思想"或"总体思路"部分。工业和信息化部的《工业绿色发展规划（2016—2020 年）》在"指导思想"部分提出"紧紧围绕资源能源利用效率和清洁生产水平提升，以传统工业绿色化改造为重点，以绿色科技创新为支撑，以法规标准制度建设为保障，实施绿色制造工程，加快构建绿色制造体系，大力发展绿色制造产业，推动绿色产品、绿色工厂、绿色园区和绿色供应链全面发展，建立健全工业绿色发展长效机制，提高绿色国际竞争力，走高效、清洁、低碳、循环的绿色发展道路"。这里可能作为方向的是"资源能源利用效率和清洁生产水平提升"和"提高绿色国际竞争力"，其他诸如"理念""主线""重点""支撑""保障"等可视为"路径"。但各省出台的政策中在该部分和其他部分基本上看不到这个可能的"方向"，只有江苏提出"实现资源节约和综合利用，全面推行清洁生产"，湖北提出"推动湖北由制造大省向制造强省的跨越"和工信部提出的可能的方向有些相似。

（四）制造业绿色发展政策体系中没有明确指出其"路径"

通常来说，发展方向是长远的，是一种发展趋势，可能不断逼近但始终达不到，它是可以通过参照系判断行为结果是朝着既定方向迈进还是偏离了方向，它有时和目的共用或混用，只不过方向是客观的，目的是主观的，当主观反映了客观，两者就一致了；发展目标是看得见、通过努力可以实现的，是可以通过具体指标表达的，是朝发展方向前进的节点，也就是说发展目标具有阶段性。它有时和方向共用或混用；主要任务是为实现阶段性目标眼前要先做什么，它是中短期的，是实现目标的关键，它有时和措施共用或混用。

制造业绿色发展政策体系中没有明确指出其"方向"和"路径"。这里，我们选择主要政策，即《工业绿色发展规划》就其主要目标、主要任务和保障措施三个内容（理论上的所谓"路径"往往分散在几个部分），在长三角地区这一更值得安徽学习的地区进行比较，以期获得启发。

1. 主要目标比较

国家制定的工业绿色化发展的主要目标包含了能源利用效率、资源利用水平、清洁生产水平、绿色制造产业、绿色制造体系5个方面，这也常常是理论研究中所谓的"路径"。

各省基本上是围绕这几个方面细化，但侧重点有所不同。上海市强调用能结构的调整和节能环保产业的发展。浙江省强调绿色制造模式广泛应用和绿色制造体系基本建立。江苏省突出关键共性绿色制造技术实现产业化应用、工业绿色发展政策体系逐步完善和服务管理水平进一步优化（其他省市往往把这一条放在"保障措施"中）。安徽省提出三项目标，即绿色制造体系初步建立；相关指标达标；创建一批绿色工厂、园区。后者实际是前者的具体化。从比较看，没有国家提出的目标宽，也没有长三角地区其他省市创新性强。从指标数量和数值看，上海7个，江苏5个，浙江4个，安徽3个，且大多指标标准低于其他三省市，安徽的目标相对不够明确，路径不够清晰。

表 5-1　《工业绿色发展规划》的主要目标比较

省（市）	主要目标
国家	能源利用效率显著提升；资源利用水平明显提高；清洁生产水平大幅提升；绿色制造产业快速发展；绿色制造体系初步建立
上海	总量和强度实现双控；工业用能结构不断优化；节能环保产业快速发展；能效管理水平持续提高
浙江	绿色制造模式广泛应用；绿色制造体系基本建立；制造业绿色发展机制基本形成；物耗、能耗、水耗强度和主要污染物排放总量显著下降

（续表）

省（市）	主要目标
江苏	工业资源利用效率显著提升，工业污染物排放总量和强度明显下降；形成一批绿色发展的示范企业；一大批关键共性绿色制造技术实现产业化应用，创建一批国家级绿色工业园区和绿色示范工厂，工业绿色发展政策体系逐步完善；绿色产业发展的政策环境和服务管理水平进一步优化
安徽	绿色制造体系初步建立；相关指标达标；创建一批绿色工厂、园区

2. 主要任务比较

任务围绕目标而定，是目标的细化或是实现目标的路径，带有些阶段性目标的性质。事实上，不同省份在目标和任务表述上是有交杂的。因此，也可以从中寻求到"路径"的踪影。

从国家规划看，把以上 5 个目标具体到 10 项任务中，除了目标中提到的能源利用、资源利用、清洁生产、绿色产业和绿色制造体系 5 个方面外，增加了低碳转型、科技支撑、绿色制造＋互联网、标准引领约束和国际交流合作的内容，见表 5-2 所列。这些增加的内容也是"制造业绿色发展的路径"，或是原来路径的具体化。

表 5-2　《工业绿色发展规划》的主要任务比较

省（市）	主要目标
国家	推进能效提升，实现节约发展；推进清洁生产，减少污染排放；资源综合利用，推动循环发展；削减温室气体排放，促进低碳转型；提升科技支撑能力，促进绿色创新发展；构建绿色制造体系，壮大绿色制造产业；发挥区域比较优势，推进工业绿色协调发展；实施绿色制造＋互联网，提升工业绿色智能水平；强化标准引领约束，提高绿色发展基础能力；开展国际交流合作，促进工业绿色开放发展
上海	构建绿色制造体系；优化绿色技术产品选推制度；强化"互联网＋"智慧能源管理；加快发展节能环保产业；大力推进能效提升；优化能源消费结构；扩大清洁生产覆盖面；推进资源综合利用；支持节能环保产业区域联动和产业链延伸发展
浙江	推进产业结构和布局优化；大力发展绿色产业；进一步强化创新驱动；深入发展循环经济

省（市）	主要目标
江苏	产业结构调整优化；资源集约高效利用；生产过程清洁化；资源循环利用；工业绿色设计；绿色制造技术创新及产业化；建设绿色工业园区；构建信息化支撑的绿色制造体系
安徽	加强工业节能；促进清洁生产；强化资源综合利用；壮大节能环保产业；创建绿色制造体系

国家提出"绿色制造＋互联网"任务，只有上海市明确为自己的主要任务，而其他地区并未涉及。同时，各省市都未提及国家的"积极开展国际交流合作"，长三角地区作为我国最发达的区域之一，更应在这方面起带头作用。具体看上海把以上 4 项目标具体到 9 项任务中，除了目标中提到节能环保产业、能源消费结构、能效管理水平外，增加了绿色制造体系、绿色技术产品选推制度、清洁生产等内容。浙江 4 项任务和以上的 4 项目标并不存在对应关系，而更像是路径的补充。江苏强调了工业绿色设计和信息化对绿色制造体系建设的支撑。安徽提出 5 项任务，包括工业节能、清洁生产、资源综合利用、节能环保产业和绿色制造体系。而这 5 项任务和国家确定的目标一样。

3. 保障措施比较

国家从组织领导、体制机制、财税政策、绿色金融和宣传引导 5 个方面提出了保障措施，见表 5-3 所列。各省也基本上参照国家的保障措施提出本省市的保障措施。但"发展绿色金融""创新体制机制""打造人才队伍"只有上海提及。浙江增加了试点示范和监测评价；而上海、江苏和安徽补充了法规管制这一重要的"路径"。安徽还提出强化目标管理和科学布局。

表 5-3　《工业绿色发展规划》的保障措施比较

省（市）	保障措施
国家	加强组织领导；创新体制机制；落实财税政策；发展绿色金融；强化宣传引导

（续表）

省（市）	保障措施
上海	健全体制机制，强化责任担当；加强法治建设，完善执法监督；注重政策引导，加大财税扶持；创新金融机制，拓宽融资渠道；构筑创新优势，打造人才队伍；加强节能宣传，提高公众意识
浙江	加强组织领导；推进试点示范；完善政策保障；强化监测评价；引导社会参与
江苏	加强工作协调；完善投入机制；严格监督考核；制定激励约束措施；加强宣传培训
安徽	强化目标管理；完善法规标准；科学布局实施；落实经济政策；强化绿色宣传和培训

总之，从国家及长三角地区省市制定的政策和规划看，能看到与"路径"相关的内容主要有"发展目标""主要任务""保障措施"等，而看不到"路径"的明确表述。从政策、规划中看，制造业绿色发展的路径主要包括：用能结构的调整和利用效率的提高、资源利用效率的提高和循环经济发展、清洁生产水平、绿色制造产业和节能环保产业的发展、绿色制造体系和标准引领、绿色制造技术和工业绿色设计、工业绿色发展政策体系和绿色金融发展、绿色制造＋互联网和信息化、体制机制创新和法规管制、宣传和培训、国际交流合作等方面。而安徽只强调了绿色制造体系、进清洁生产、资源综合利用、壮大节能环保产业、完善法规标准、落实经济政策、强化绿色宣传和培训等方面，还有更多方面没有顾及，这是应当反思的。

第二节　安徽省制造业绿色发展的方向

制造业绿色发展的方向由绿色发展的方向和制造业发展的方向共同决定。我们认为，决定"绿色制造业发展方向"的因素主要有"制造业发展方向"和"绿色发展方向"。综合看，安徽省制造业绿色发展的"方向"就是由"浅绿色化"制造大省迈向"中绿色化"制造强省，具体表现为"五化"，即产品设计生态化、生产过程清洁化、能源利用高效化、回收再生资源化和产业耦合一体化。

一、安徽省制造业的发展方向是从制造大省迈向制造强省

2016 年安徽省工业实现四大突破：规模以上增加值突破 1 万亿元、主营业务收入突破 4 万亿元、技改投资突破 6000 亿元、工业利润突破 2000 亿元，主要指标增幅均位居全国第一方阵，制造业大省的地位初步确立（安徽制造业大省地位初步确立"点线面"布局智能制造，中国电子报，2017－05－22）。

综合已有研究成果，我国产业发展的方向（也是当今国际产业转型升级的主流方向）：高端化、信息化、集群化、融合化、生态化和国际化。当然，这也是我国制造业发展的方向。《中国制造 2025 安徽篇》在"指导思想"部分提出"以产业迈向中高端为方向"。安徽省制造业也要从目前的中低端迈向中高端，实现从制造大省迈向制造强省的目标。"安徽省制造强省建设实施方案（2017—2021 年）"的"指导思想"中提出"以高端制造、智能制造、绿色制造、精品制造、服务型制造等为主攻方向"，"打造现代制造的安徽'升级版'"。这一"方案"不仅提出要以"绿色制造"作为安徽省制造业的主攻方向，也明确了安徽省制造业的发展方向——制造强省。在当前情况下，制造强省的重要表现之一就是工业和信息化部的《工业绿色发展规划（2016—2020 年）》在"指导思想"部分提出"提高绿色国际竞争力"。

从总量看，从 2006 年到 2015 年，安徽省制造业总产值由 4994.71 亿元上升到 36461.77 亿元，其年均增长率为 20.21％；2015 年制造业职工人数为 2745178 人，是 2006 年的 2.2 倍。2015 年，我省规模以上工业增加值 9817.1 亿元，接近万亿元，工业对经济增长的贡献率维持在 60％左右，制造业是促进经济平稳发展的主导力量。但是从结构看，根据安徽大学胡艳教授的研究成果，安徽省制造业结构合理化与高度化水平在 2006—2015 年不断提升，制造业结构优化效果明显改善，但中端技术制造业产值比例有所下降，低端技术制造业比重不断上升，中、低端技术制造业产值比例始终高于高端技术制造业产值比

例。而中、低端技术产业中大多是高污染高能耗产业。因此，产业迈向中高端的过程也是产业绿色化发展的过程。

二、安徽绿色制造的发展方向是从"浅绿色化"制造迈向"中绿色化"制造

（一）绿色发展的三种国际模式

从实践看，郇庆治（2012）指出绿色发展的三种国际模式。

一是美澳加的生态行（法）政主义模式。以美国、澳大利亚和加拿大等国为代表的"新大陆"工业化国家属于另外一种类型，可以大致将其概括为生态行（法）政主义的绿色发展模式。一方面，由于自然地理的原因，这些国家拥有比欧洲大陆更为优越的自然生态条件或相对较小的工业发展的环境压力（即隶属于所谓的"幸运国家"）。概言之，无论是在人类社群内部还是人与自然界之间，都存在着相对较为温和的环境（资源）竞争。另一方面，由于这些国家的历史文化传统（崇尚个人主义）与政治制度特点（联邦制），由国家或其他层面上的政治实体来组织推动经济产业/产品结构的绿色转型、新型绿色技术的研发与产业化、个人消费与生活方式的绿色转变，很难获得充分的民意理解与政治支持。

二是欧日的生态现代化模式。生态现代化模式的核心理念是环境保护与经济增长目标的并重和共赢，而且主要依靠一个具有法政能力和生态自觉的国家（准国家）促动与掌控的绿色经济或市场来实现。作为一种完整的绿色发展理念与战略，以欧盟及其核心国家最为典型，特别是德国、荷兰等国。日本虽然没有广泛使用"生态现代化"这一术语，但鉴于其先进的绿色经济技术研发与推广和卓有成效的环境法律政策管理，我们可以将其划归以欧盟为主的"生态现代化"的绿色发展模式。相应的，着力于少量强制性但确属必要的环境法律与行政管理就成为一种自然的选择。但必须看到，这些国家的环境保护水准（目标）并不低（即使与大部分欧盟国家相比），生态环境立法/执法也非常严厉，而且的确也颇有成功之处。

三是"金砖国家"的可持续增长模式。在维持经济快速增长的前

提下，适当考虑自然生态尤其是资源的可持续性，而这也几乎代表了绝大多数发展中国家的共同认知或思维路径（甚至对于那些极端不发达的发展中国家和应对全球气候变化严重脆弱的国家来说，它们一旦具备必要的条件也会采取同样的模式）。由此可以理解，这些国家对可持续/绿色发展的感知和界定与欧美国家存在着巨大的差别（当然很难说是根本性的），如果说前者更关注的是发展尤其是经济增长，那么后者更关注的则是发展的绿色化（可持续性）及其程度，同时，它们在绿色/可持续发展实践上的差异也是不言而喻的。

我们把这三种模式分别称之为深绿色化、中绿色化和浅绿色化发展模式。

（二）绿色制造正在从"1.0阶段"到"3.0阶段"跨越

"1.0阶段"的重点是末端治理。末端治理是指在生产过程的末端，针对生产过程产生的污染物进行有效的处理。但是，随着工业化进程的加速，末端治理的局限性也日益暴露。首先，处理污染的设施投资大、运行费用高；其次，末端治理往往不是彻底治理，而是污染物的转移；第三，末端治理未涉及资源的有效利用。

"2.0阶段"是指通过清洁生产和循环经济等多种策略的集成来实现工业的绿色制造。强调在源头和过程中减少或消除污染并提高原料和资源的利用率。清洁生产不同于末端治理的环境保护理念，它强调在生产过程中进行全程污染控制，采用新技术、新管理方式，减少能源消耗，降低废物和污染物产生量。循环经济即资源节约利用及再利用、废弃物的循环利用。

"3.0阶段"是绿色制造的高级阶段，也是绿色制造未来的发展方向。强调从设计、制造、使用到报废的全生命周期对自然生态危害极小，使资源利用率最高，能源消耗降到最低。首先，随着经济社会技术条件的不断进步，一些颠覆性的技术不断涌现，这为加快制造业的绿色化发展进程创造了新机遇，如新能源、新材料等技术能够更有效地减少对环境的污染；其次，随着信息化革命的高速发展，信息资源对人类社会越来越重要，甚至超过了能源和物资资源，成为社会生产力中起主导作用的因素。可以通过信息化革命的成果（如互联网、人工智能）来改变行业的发展模式，以促进制造业的绿色化发展。

（三）我省绿色发展应当由"浅绿色化"迈向"中绿色化"

结合我省的省情，我们认为，以欧盟、日本为代表的生态现代化发展模式是我们的发展方向，未来发展的方向是经济社会发展与环境保护目标的并重和共赢的"中绿色化"模式。

工信部节能与综合利用司司长高云虎指出，推行绿色制造，就是要通过技术创新和系统优化，将绿色设计、绿色技术和工艺、绿色生产、绿色管理、绿色供应链、绿色循环利用等理念贯穿于产品全生命周期中，实现全产业链的环境影响最小、资源能源利用效率最高，获得经济效益、生态效益和社会效益的协调优化。我们理解，经济效益、生态效益和社会效益的协调优化就是制造业绿色化发展的方向，也体现了"中绿色化"的发展模式。

"1.0 阶段"到"3.0 阶段"并不是依次进行的，后一个阶段的到来并不意味着前一阶段的结束，三者是交叉和共存的。制造业的绿色发展方向一定是由"1.0—3.0 阶段"的不断过渡和进步。"3.0"的方向和"中绿色化"的方向是一致的。我省目前存在着"1.0 阶段"和"2.0 阶段"，但已基本具备向"3.0"过渡的条件和能力。

因此，我们认为，我省绿色发展应当由"浅绿色化"迈向"中绿色化"。

三、安徽制造业绿色发展的方向具体表现为"五化"

绿色制造正在由制造环节向产品全生命周期拓展，是制造、环保和资源利用等问题的结合部。绿色制造的内容涉及设计、生产、销售、使用、拆解、回收再利用的产品生命周期全过程。因此，安徽制造业绿色发展的方向具体表现为"五化"。

（一）产品设计生态化

强调在设计开发阶段就要综合考虑全生命周期的资源环境影响。

1. 生态设计使节能减排从源头做起

生态设计是按照全生命周期的理念，在产品设计开发阶段系统考虑原材料选用、生产、销售、使用、回收、处理等各个环节对资源环境造成的影响,力求产品在全生命周期中最大限度降低资源消耗、尽可能少用或不用含有有毒有害物质的原材料,减少污染物产生和排放,从而实现环境保护的活动。生态设计从源头上减少污染物产生量,尽可能降低末端治理压力。

2. 生态设计的主体是企业,生态设计的核心是标准

企业的认识和态度,在很大程度上决定了生态设计能否真正"开花结果"。因此,一要组织开展工业产品生态设计试点,制定相应生态设计评价实施细则,在试点工作基础上,积累、总结相关经验,逐步拓展评价内容和试点产品范围。二要编制重点产品生态设计标准。研究产品从设计到回收处理各环节的典型案例和共性经验,提出产品设计标准体系框架,组织编制产品生态设计通则。同时选择一批生产过程资源消耗大、污染排放多,有毒有害物质含量高的重点产品,研究制定生态设计标准。三要建立产品生态设计评价监督机制。研究制定产品生态设计评价管理制度,逐步规范产品生态设计评级管理工作。收集、分析重点产品的资源消耗和污染物产生、排放相关数据,逐步建立产品生态设计基础数据库。四要夯实生态设计基础,推进技术开发利用。研发一批生产、回收处理过程中有毒有害物质控制技术和易回收、可重复使用的绿色环保材料推广易拆解、易分类的产品设计方案。

(二)生产过程清洁化

强调从源头提高资源利用效率,减少或避免污染物产生。

1. 清洁生产主要谋求两个目标

清洁化生产是借助各种相关理论和技术,在产品全生命周期的各个环节中采取"绿色"措施,通过将企业有关人员、技术、环境、经营管理等要素及其信息流、物料流、能源流有机集成,并优化运行,从而极小化对环境的污染,优化利用资源与能源和对劳动者具有良好的劳动保护,向市场提供强有竞争力的绿色产品,并最终提高企业的经济效益和社会效益。清洁生产主要谋求两个目标:一是通过资源的综合利用、短缺资源的代用、二次能源的利用及其节能、降耗、节水、合理利用自然资源,以减缓资源的耗竭;二是减少废料和污染物的生

成和排放，促进工业产品的生产、消费过程与环境相容，降低整个工业活动对人类和环境的风险。

2. 从产品寿命循环的全过程中实现清洁生产

清洁化生产与传统生产方式不同。传统生产中，厂家只对产品的开发、设计、制造、销售和售后服务等几个阶段负责；而清洁化生产中，厂家则要对产品从设想、市场调研、产品规划、产品设计、工艺设计、生产准备、加工、装配、检验、油漆包装、发运、安装、运行、维护、回收处理和重新再利用的整个寿命周期负责，所以它涉及产品的整个寿命周期，因此清洁化生产主要包括四个阶段：产品的寿命循环"绿色"设计与分析、产品的清洁化制造过程、产品的清洁化使用过程和产品回收与再利用过程。由此可见，清洁化生产应从产品寿命循坏的全过程中去实现。

（三）能源利用高效化

强调生产过程节能和终端用能产品能效水平提升。

1. 能源利用高效化是能源革命的主要目标

经济可以无限发展，生态与环境的容量却是有限的。如果任由目前这种片面追求经济增长和财政增收而忽视环境容量的发展方式持续下去，生态与环境系统的崩溃近在眼前。因此，能源革命的基本原则是为了健康和可持续发展。通过遏制过度工业化和过度建设，可以节约大量的高耗能产品，例如钢材、水泥、玻璃、有色金属等，并间接节约大量的能源投入以及减少由此产生的各种污染物排放。因此，能源革命的目标可以归结为三个：一是降低煤炭需求，二是降低能源利用过程中的污染排放，三是提高能源效率从而实现能源节约。

2. 实现能源利用高效化

在能源利用高效化方面，实施电机系统节能改造；余热、余压、副产煤气等二次资源高效回收利用；大型燃煤工业锅炉（窑炉）节能技术改造和更新；工业企业"煤改气""煤改电"技术改造，洁净煤技术应用。在工业节能方面，支持新型高效节能墙体材料、铝合金隔热建筑型材、节能膜和屋面防水保温系统等新型节能产品的研发和产业化。支持发展燃煤烟气脱硫脱硝技术与装备、移动极板静电除尘设备、转炉煤气净化回收成套装备、包装印刷和石化等重点行业挥发性有机物大气综合治理技术与装备。培育节能和环保服务产业，加快推行合同能源管理和节能环保服务外包。支持发展太阳能光伏及能源电子。在石油化工方面，重点发展聚氯乙烯、聚酯、聚氨酯、己内酰胺及中间体等。在煤化工方面，重点推进碳一化学品、焦炉煤气制天然气、煤焦油深加工、粗苯加氢精制工艺装备水平提升和产品升级。

（四）回收再生资源化

强调使原本废弃的资源再次进入产品的制造环节。

1. 再生资源的有效利用

再生资源是指在社会生产和生活消费过程中产生的，已经全部或部分失去原有使用价值，经过回收、加工处理，能够使其重新具有使用价值的各种废弃物。废钢铁、废有色金属、废塑料、废轮胎、废纸、废弃电器电子产品、报废汽车、废旧纺织品、废玻璃、废电池是我国十大类别的再生资源。为此，建立起与回收体系建设运营相适应的政策法规体系和技术标准体系，初步形成统一开放、竞争有序的市场秩序；行业回收方式多元化，企业机械化、自动化、智能化、信息化装备应用水平显著提高。

2. 发展再制造业

再制造是专业化、批量化、规模化修复的生产过程，以废旧工业产品为对象，以先进技术和产业化生产为手段，使再制造产品达到或超过同类产品新品质量标准的产业，再制造产品可比新品节省成本50%、节能60%、节材70%、减少排放80%。再制造产业，是节约能源资源的有效途径，是循环经济发展的高级形式，也是工业文明由粗放线性向循环集约演进的重要支点。为此，一是按照国家有关部委的部署优先推进重点领域的再制造。二是坚持科技创新为本。三是加快实施再制造人才队伍建设。四是全面建设再制造配套服务体系。

（五）产业耦合集成化

强调企业间资源利用效率提升和污染物减排。

1. 产业集成是21世纪制造业发展的必然趋势

"集成化"也指生产过程中，机器与机器、机器与工件之间的互联，这使得生产设备按照不断变化的需求自我调整成为可能，提高生产效率。

2. 从系统集成的角度来考虑绿色制造

要研究产品和工艺设计与材料选择系统的集成、用户需求与产品使用的集成、绿色制造系统中的信息集成、绿色制造的过程集成等集成技术。绿色制造集成化的另一个方面是绿色制造的实施需要一个集成化的制造系统来进行，绿色制造的集成特性愈来愈突出，主要表现在几个方面：效益目标集成；组织模式集成；技术集成；绿色产品制造业正带动传统产业的更新换代；绿色制造带来的新兴产业正在兴起。

第三节　安徽省制造业绿色发展的路径

一、主要经济体制造业绿色化发展的经验

为更好地推进绿色发展，提升绿色制造水平，各国政府陆续推出了碳税、碳标签、绿色制造标准等措施，成为促进绿色经济发展的重要政策手段。

一是越来越多的国家开始征收碳税。碳税（carbon tax）是指针对二氧化碳排放所征收的税。碳税以生态环境保护为目的，通过对燃煤、石油及其下游化石燃料产品按其碳含量的比例征税，来实现减少化石能源消耗和二氧化碳的排放。在欧盟，尤其是北欧的国家碳税开征较早，英国、德国、丹麦、芬兰、荷兰、挪威、波兰和瑞典等国已经开始推行不同的碳税政策。其他发达国家征求碳税较欧盟国家晚些，作为世界上人均碳排放最为严重的国家，美国目前仅有科罗拉多州的一座城市征收碳税，加拿大某省从2008年7月起开征碳税，澳大利亚从2012年7月1日开始施行碳税政策。但总体看，碳税征收是全球应对绿色发展的大趋势，我国也在积极研究制定相关政策措施。

二是碳标签从单纯的绿色产品标志发展成为产品贸易的国际通行

证。所谓碳标签（Carbon Label）是把产品在其全生命周期中所排放的温室气体数量标示出来，以标签的形式告知消费者。碳标签制度原本是一种鼓励消费者保护环境、形成绿色消费习惯的方法，从需求的角度带动生产者提升社会责任感，设计制造更多低碳的绿色产品。但在实际实施过程中，已逐步演化为隐性的市场准入条件，这一趋势不可阻挡。自 2007 年以来，美国、英国、法国、德国、日本等十几个国家先后推出碳标签制度。

三是绿色制造标准规范等对生产生活影响广泛而深入。奥巴马政府上台后，将绿色制造标准作为重振制造业的重要工具，在汽车和家电等重点行业推行更加严格的能耗标准，对绿色节能型产品给予补贴；美国政府还与国会共同制定了绿色贸易相关法案，要求所有以美国为销售市场的产品必须符合绿色标准。欧盟不断强化政府的绿色采购措施，绿色产品占欧盟公共采购的比例已达到 20% 左右。各国在制造业绿色发展上还有一些独到之处。根据李博洋，莫君媛（2016）介绍，这里简要列举几个主要经济体的做法。

（一）欧盟实施绿色工业发展计划

1. 以环境管制法规推动绿色产业发展和市场机制建设

欧盟是绿色经济的先行者和倡导者，无论是政策法规领域，还是绿色产业发展实践，都在全球具有重要的影响力。2004 年，欧盟通过了应对气候变化的相关法律，并以该法律为依据制订了碳排放权交易体系的建设计划。自 2005 年起，欧盟范围内的重点用能企业必须拥有许可证才能排放二氧化碳或开展二氧化碳排放权的交易行为，自此欧盟正式启动了"欧盟碳排放交易机制"（EUETS）。

2. 重视绿色产业发展的资金投入和技术研发资金投入

2006 年 3 月，欧盟委员会正式发布了题为《获得可持续发展、有竞争力和安全能源的欧洲战略》的能源政策绿皮书，提出加大对能效提升、清洁和可再生能源的研究开发投入等建议。2009 年 3 月，欧盟对外宣布，将在 2013 年前投入 1050 亿欧元用于支持绿色产业的发展，促进经济和就业增长，继续保持欧盟在绿色产业的全球领导地位。当年 10 月，欧盟又提出了 10 年内增加 500 亿欧元用于发展绿色低碳技术的建议。2010 年 10 月，欧盟对外发布未来十年能源绿色战略（又称"欧盟 2020 战略"），明确了欧盟发展绿色产业和提升能源利用效率的路线图，计划向能源消费结构优化和用能设备改造升级等重点领域投资 1 万亿欧元。

3. 以提高欧盟绿色产品国际竞争力为目的

2008 年底，欧盟又通过了欧盟能源气候一揽子计划。根据该计划，2020 年的欧盟温室气体排放量将在 1990 年基础上减少 20% 以上，同时可再生等清洁能源消费比例提高 20% 以上。其目的在于保障欧盟发展绿色产业，促进经济增长，缓解就业难题，提高欧盟产品的国际竞争力。

（二）美国立法助推绿色工业发展

1. 通过立法大力发展清洁能源，抢占新兴产业的全球竞争制高点

奥巴马政府上台执政后，围绕能效提升、新能源开发利用、应对气候变化等重点领域，推出"绿色发展新政"，强化助推工业绿色发展的立法，以大力发展清洁能源、推进绿色制造为重点突破口，谋求在全球新兴产业的竞争中抢占制高点。

2009 年，奥巴马政府按照竞选时的承诺，推出了美国复兴与再投资计划，提出了总额为 7800 亿美元的经济刺激方案；同时彻底改变布什政府时期的能源及应对气候变化政策，将发展清洁能源作为重要战略方向。美国计划在 10 年内投入 1500 亿美元，加大清洁、可替代能源的开发和应用力度；3 年内让美国可再生能源产量倍增，创造 500 万个新工作岗位，满足全美 600 万户居民用电需求，实现减少 50 亿吨二氧化碳排放的目标。同时，奥巴马政府还计划通过应对气候变化的相关立法，采取抵税等措施鼓励消费者购买节能环保的新能源汽车，计划到 2015 年新增 100 万辆油电混合动力汽车，并用 3 亿美元支持各州县采购节能与新能源汽车，力争在 2050 年之前使美国温室气体排放量比 1990 年减少 80% 以上。

2. 重视先进制造业的技术领先地位

2011 年、2012 年，美国总统科技顾问委员会（PCAST）先后发表了《保障美国在先进制造业的领导地位》以及第一份"先进制造伙

伴计划"（AMP）报告《获取先进制造业国内竞争优势》。该报告主要提出了以下观点和建议：（1）先进制造业在未来国际经济竞争中将起到基础性作用；（2）在培育和发展先进制造业过程中，保持技术上的领先是关乎国家安全的关键问题；（3）美国在全球经济领域中的主要竞争对手已经意识到发展先进制造业的重要意义，都在出台各类措施鼓励对先进制造业的投资，美国需要尽快采取应对措施。2015 年 10 月，PCAST 又发布了题为《提速美国先进制造业》的报告（俗称"先进制造伙伴计划 2.0"）。该计划与"德国工业 4.0""中国制造 2025"等量齐观，是由美国联邦政府主导的国家级发展战略，将"可持续制造"列为 11 项振兴制造业的关键技术，利用技术优势谋求绿色发展新模式。

（三）日本重视制造过程中可再生能源的应用和能源利用效率提升

先进制造业是日本经济竞争力的重要体现。在绿色经济变革的大潮中，日本政府高度重视绿色制造水平的提升和绿色低碳产业的发展，通过建设低碳社会、实施绿色发展战略，打造绿色竞争力。

2008 年 6 月，日本福田康夫政府推出了一项新的应对气候变化政策，提出到 2050 年使温室气体排放量较当前减少 60%～80% 的目标，这一目标被称为"福田愿景"。为了确保这一目标的实现，同年，日本内阁会议又通过了《建设低碳社会的行动计划》，为实现"福田愿景"确定了量化指标和时间表。该计划主要包括八个方面内容：（1）在 2020 年前实现二氧化碳捕捉及封存技术（CCS）的应用，将当前 4200 日元/吨的二氧化碳回收成本降到 2000 日元/吨以下；（2）力争在 2030 年前，将新能源汽车用燃料电池系统的价格降至当前的 1/10；（3）到 2020 年将光伏发电规模扩大到当前的 10 倍，到 2030 年时扩大到当前的 40 倍；（4）在 2009 年内，研究提出降低可再生能源成本的路线图，并配套有效的鼓励政策；（5）到 2020 年，电动汽车等新一代绿色环保汽车占新车消费比例要超过一半，并配套建设快速充电设施；（6）2008 年 9 月建成全国范围内的碳排放权交易体系，力争 10 月份开始试运行；（7）抓紧推进"环境税"等重大项目的研究工作；（8）在 2008 年内制定并发布指导性标准，初步建立覆盖产品全生命周期的碳标签制度，力争从 2009 年开始试点实施。

2012 年 7 月，日本召开国家发展战略大会，会议通过并发布了"绿色发展战略总体规划"，将新型装备制造、机械加工等作为重点，围绕制造过程中可再生能源的应用和能源利用效率提升，落实战略规划。计划通过 5～10 年的努力，将大型蓄电池、新型环保汽车、海洋风力发电培育和发展作为日本绿色发展战略的三大支柱产业。

（四）韩国实施绿色增长战略

1. 重视技术和资金支持

韩国作为后起之秀，已成为后发国家建设制造强国的典范。目前，韩国也紧跟发展潮流，实施绿色增长战略，尤其是把实施生产者责任延伸制度（EPRS）作为重要抓手，推进绿色循环型社会建设。

韩国提出的"国家绿色低碳增长战略"主要包括以下三方面：（1）将绿色科技创新打造成为经济增长的新动力；（2）逐步减少温室气体排放量，加快适应气候变化带来的影响，实现能源安全的战略目标；（3）推广绿色生活方式，提升国际影响力。为了贯彻落实绿色增长战略，2009 年 7 月，韩国政府发布了"绿色增长国家战略 5 年计划"，在 2009—2013 年，将国民生产总值的 2% 作为绿色投资基金。2010 年 4 月，韩国政府颁布了《促进绿色低碳增长基本法》，规定 2020 年全国温室气体排放量比当前降低 30%。同时，韩国政府还专门成立了直属总统管理的专门机构，即"绿色增长委员会"，由该机构统筹落实绿色增长战略的各项政策措施。韩国将绿色增长战略作为韩国未来发展的根本，提出将 300 亿美元财政收入（占其 GDP 的 3%）用于实现工业能源节约、公共交通、森林恢复和水资源管理方面的绿色发展。

2. 管制企业产品全生命周期责任

韩国早在 2003 年就更新了生产者责任延伸制度的相关法律，强化生产者的环境责任和义务。生产者责任延伸制度又称为扩大生产者责任制度，由瑞典环境经济学家托马斯在 1990 年最先提出，经济合作与发展组织（OECD）对其定义作了进一步完善。该制度是指将生产者的责任延伸到其制造产品的全生命周期，特别是产品报废后的回收、处理和资源化利用阶段，降低产品全生命周期资源环境影响。为了落实生产者责任延伸制度，韩国政府对《资源节约及回收利用促进法》进行了全面修订，责令产品生产者按照国家规定的比率进行回收、处理和资源化利用报废产品；同时不断扩大产品的范围，提高回收数量和质量要求，促进经济绿色、循环发展。实施生产者责任延伸制度（EPRS），设定了强制性的垃圾数量，并为制造商支付其收集、回收和处理各种产品所需的全部费用。

（五）印度大力发展太阳能发电

印度土地、水、能源、矿产、林业等资源都相对有限，经济快速发展对资源环境的压力越来越大。面对世界绿色发展大潮，印度政府结合自身特点，于 2008 年 6 月制订出台了"气候变化国家行动计划"，用国家计划统领低碳经济发展。

该计划提出了包括太阳能发电、能源效率改善、可持续的生活环境、可持续的水资源供给等 8 大任务，其中以大力发展太阳能发电作为所有任务的重中之重。印度处于热带地区，具有明显的太阳能资源优势。印度政府计划在 20～25 年内大幅提升太阳能发电行业的竞争力，将目前极为分散的千瓦级光伏发电或太阳能发电系统集中发展，逐步成为兆瓦级、可配送的"聚光发电系统"。印度政府采取的具体配套措施主要包括：（1）要求国家电网系统必须购买可再生能源电厂的产品，并以累进目标制度保障可再生能源的持续发展；（2）强制关停高耗能、低效率、污染重的火电厂，重点支持"整体煤气化联合循环发电"和"超临界发电技术"的研发应用；（3）对重点用能企业进行能源审计，加强节能技术改造；（4）对电器电子等终端用能产品试行节能产品标识制度。

（六）巴西全力发展生物能源和新能源汽车

巴西耕地面积辽阔、农业发达，充分发挥自身优势，大力发展生物能源和新能源汽车，已成为发展中国家中推动绿色经济转型的典范。

巴西发展生物能源，可以说是具有得天独厚的优势。如果将巴西 1/4 的耕地（约 9700 万公顷）播种甘蔗，以目前的农业技术，每年乙醇产量可以达到 7000 亿升，这几乎与沙特每年的石油产量相当。在巴西,甜高粱是另一种重要的经济作物,尽管甜高粱的产量较甘蔗低,但因其抗涝、抗旱、耐高温、耐盐碱、耐瘠薄的特点,在干旱地区种植具有较大优势。同时,巴西有条件大力发展生物柴油,其主要原料是棕桐油、蓖麻油、大豆油、向日葵油、棉籽油、玉米油等,这些经济作物广泛分布在巴西的各个地区。

为了更好发挥自身优势,打造具有竞争力的绿色能源产业,2009年初,巴西政府制定发布了生物能源产业发展的长远规划,提出到2017年将乙醇产量提高1.5倍(约640亿升/年),力争在产量上超过美国,成为全球最大的乙醇燃料生产国。同时,巴西政府还期望将乙醇的出口量从50亿升/年提高到80亿升/年,保持乙醇燃料出口第一大国的优势。在国内大力改善能源消费结构,使生物能源在其能源消费总量中占据一半以上,每年新售出的汽车中80%左右是可以使用乙醇燃料的新能源汽车。

展望未来,巴西仍是全球乙醇燃料产业的领导者之一,尤其是以甘蔗为原料的乙醇增长潜力巨大。据巴西甘蔗种植行业协会预测,到2020年,正在投资建设中的乙醇生产项目将为巴西新增燃料乙醇产量约180亿升/年。因此,巴西政府于2011年4月宣布将燃料乙醇列为战略资源,由巴西国家石油管理局牵头对甘蔗乙醇产业进行规范管理。这是巴西政府在绿色发展顶层设计中作出的战略决策,将为甘蔗乙醇燃料产业的发展提供了良好的政策环境。

综合以上,得出以下几点结论:(1)强调碳税、碳标签、绿色制造标准等市场机制建设。(2)注重战略、规划和环境管制法律在绿色制造中的引领和规范作用。(3)重视绿色产业发展的资金投入和技术研发资金投入。(4)大力发展清洁能源、可再生能源以及能源利用效率提升的技术和应用。

二、我省迈向"制造业强省"的障碍及困难

近年来安徽制造业的绿色发展取得了非常突出的成效,但当前的绿色制造业发展仍然受到体制机制、能源和资金结构以及技术创新等诸多阻碍。具体而言,主要表现在以下几个方面:

（一）政府监督体制有待完善

制造业绿色化发展带有很强的外部性，需要严格的政府监管和社会力量的广泛参与，监督企业的绿色转型行为。然而，在安徽乃至整个中国，政府管制有效性较差，公众参与社会事务长期流于形式，甚至受到各方力量的制约，难以形成监督社会公共事务的合力，特别是面对重大环境污染事件，社会舆论很容易受到地方政府和当事企业的干预。此外，中央和地方垂直的监督体制也存在一些问题，如地方政府监督不到位等，从而给高污染、高排放、低产出的企业留下了生存的空间。截至 2017 年 6 月底，中央环境保护督察组交办安徽的 3719 件环境问题举报已基本办结，责令整改 3113 家，立案处罚 803 家，累计罚款 2635.2 万元；立案侦查 52 件，拘留 63 人；约谈 637 人，问责 476 人。这也说明之前的环境监管不力。

（二）"高能耗"下能源结构转变困难

安徽省的能源消费结构仍旧以煤炭为主，由图 5-1 可知，2015 年，安徽省煤炭消费比例高达 90.77%，除了比山西省略低之外，均远远高于中部其余四省和长三角两省一市的水平。以煤炭为主的能源消费结构代表了落后的发展模式，这种粗放型的发展方式具有高能耗、

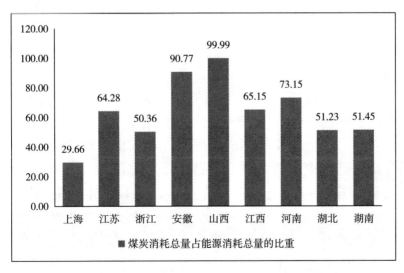

图 5-1　各地区 2015 年煤炭消耗总量占能源消耗总量的比重

高排放、高污染、低效率等问题，会给地区的环境带来极大破坏。这种情况若不加以遏制，随着高能耗资源的不断消耗与环境污染的不断加深，将会严重阻碍安徽省工业的增长和经济的可持续发展。由图5-2可知，安徽省虽然在2009—2010年时，单位工业增加值能耗与单位工业增加值电耗显著降低，但自2010年以后，变化较小，表明2010年以后，安徽省的工业能耗未得到显著的遏制，工业生产仍旧以高能耗为主，为此，发展"绿色制造业"势在必行。

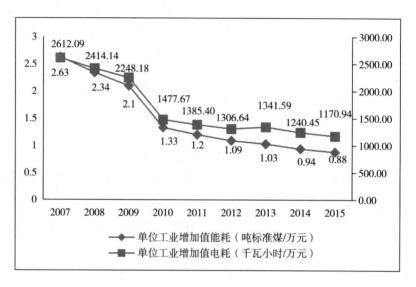

图5-2 安徽省历年单位工业增加值能耗和电耗

（三）产业结构不合理

根据2016年我们的研究成果《安徽省生态文明建设发展报告——大气污染防治专题报告》：安徽省大气污染物排放空间分布特征和行业排放特征明显。按空间分布看，淮南市、马鞍山市和淮北市二氧化硫排放量在全省排名中居前三位；马鞍山市、淮南市和芜湖市氮氧化物排放量在全省排名中居前三位；合肥市、马鞍山市和芜湖市的烟尘（粉尘）排放量居前三名，这些地区无一不是以制造业发展为主的地区。按行业排放看，对二氧化硫排放贡献最大的主要是非金属矿物制品业，其次为电力热力生产供应业、黑色金属冶炼和压延加工业与化学原料和化学制品制造业，累计占85.7%；对氮氧化物排放贡献最大的同样是非金属矿物制品业，然后是电力热力生产供应业与黑色金属冶炼和压延加工业，累计占82.5％。

由此可见，安徽省工业污染现象仍旧比较严重，如图5-3所示，二氧化硫排放居高不下。以工业废水排放量与工业二氧化硫排放量为例，安徽省工业废水排放量占废水排总量的比重维持在35％左右，2010年后虽有所降低，但降低幅度不明显，工业废水治理情况有所欠缺。较之于工业废水排放情况，安徽省工业废气排放量占废气排放总量的比重始终维持在85％以上，居高不下，大气污染严重。分地区来看，由图5-4可知，在中部六省中，安徽省工业废水排放量占废水排放总量的比重较低，但工业二氧化硫排放量占比较高，表明相对于其余五省来说，安徽省对水污染治理较为重视，但大气污染治理有所不足；但是相较于长三角三个地区来说，除了比上海市有所不足，安徽省2015年工业废水排放量和工业二氧化硫排放量占比比江苏和浙江较低。

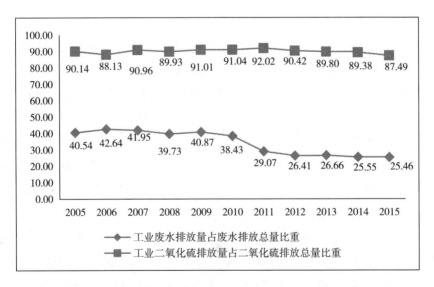

图5-3　安徽省历年工业工业废水和工业废气排放情况

（四）资金投入与技术创新的制约瓶颈有待突破

为了发展"绿色制造业"，政府的扶持是必要的，不仅包括财政资金的扶持，也应包括技术发展等各方面的支持。以环境保护财政扶持

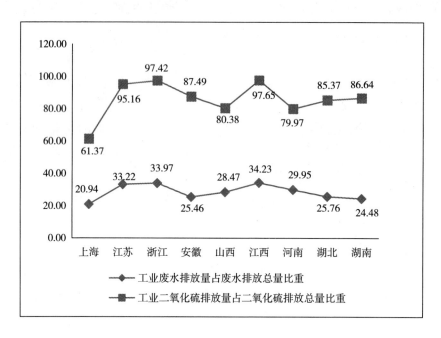

图5-4　各地区2015年工业废水和工业废气排放情况

和技术创新扶持为例（技术创新以科研经费财政支出衡量），如图5-5、图5-6所示。安徽省历年环保支出都比较低，维持在0.5％左右，在生态文明建设日益受到重视的同时，环境保护支出不见有所增长。但科研经费支出占比呈线性增长趋势，表明安徽省对技术创新的支持，而对环境保护有所忽略。而从地区来看，安徽省的环保支出占比处于中等水平，但是科研经费支出占比远远低于其他地区，虽然其逐年递增，但是仍然和其余地区差距较大，安徽省有待对技术创新更加重视，并且环保支出也有待继续加强。

　　从上面的分析结果看，安徽省工业生产所造成的废水和二氧化硫污染无明显改善，虽然安徽省环保支出占GDP比重处于稳定状态，但实际上安徽省历年的环境保护支出是随着GDP的增长而增长的，并且科研经费支出更是稳定增长，但工业污染却无明显改善，因此，安徽省的环境污染治理效率较低，这也是制约安徽省绿色制造业发展的一个因素。

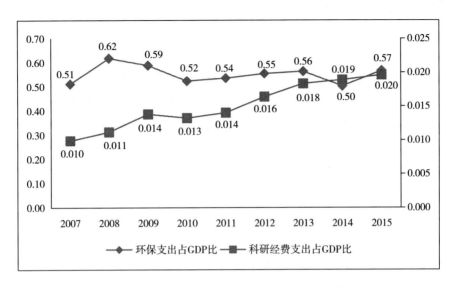

图 5-5　安徽省历年环保支出和科研经费支出情况

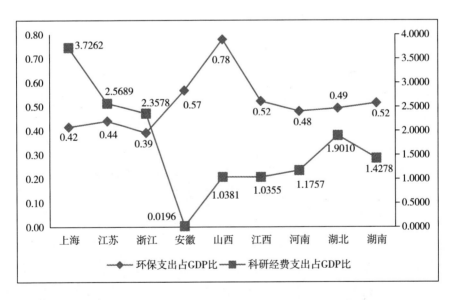

图 5-6　各地区 2015 年环保支出和科研经费支出情况

（五）绿色转型动力不足

1. 从企业看

无论是国际经济和产业发展环境变化带来的外部压力，还是我国经济发展的内部环境，都要求制造业必须进入转型升级的成长轨道。然而，企业是市场机制的产物，实现利润最大化是企业的根本目的。因此，当企业经过"深思熟虑"之后，若发现产业升级转型产生的成本过高，如购买治污设备、加大环保治理技术投入等行为的成本，不足以补偿企业的利润，企业自身的产业转型升级动力就明显不足，这对绿色制造业的发展和施行都会产生阻力。

目前我省经济发展已经进入新常态，下行压力增大，企业普遍经营困难。从产品全生命周期看，企业若优化生产工艺，购置先进的节能、节水、污染处理设施，或者开展绿色回收和再制造工作，其生产的产品会更加绿色，但也会增加额外开支。在市场上，当绿色消费尚未成为主流消费理念时，消费者关注的重点是产品价格，而非企业的环保投入，绿色产品很难获得竞争优势。基于商业利益考量，很多制造企业绿色转型意愿并不强。

2. 从地方政府看

安徽工业化发展阶段导致的经济增长赶超压力与环境质量提升压力之间的矛盾。反映经济发展与环境污染程度关系规律的环境库兹涅茨倒U型曲线表明：在工业化发展的初级和中级阶段，经济快速发展但环境污染与破坏加重；在工业化发展的高级阶段，经济与环境逐步协调，发达国家的这个拐点在人均GDP 1万~1.5万美元之间。2014年安徽人均GDP为5604美元（全国平均7575美元）、2015年安徽人均GDP为5779美元（全国平均8281美元）、2016年安徽人均5885美元（全国平均8866美元），处于环境库兹涅茨曲线拐点之前的"两难区间"，经济增长与环境保护的矛盾还将在较长时期存在。在这个区间，在加快工业化进程与加强生态文明建设之间往往存在冲突，而发展经济作为首要任务，必然会引起更多的重视。这极易导致政府在加快工业化与践行生态文明之间形成冲突，在环境污染和生态破坏带来问题日益引起社会各界关注的压力与经济发展相对落后状态形成的赶超压力之间，在目前政绩考核机制和生态环境承载力、环境容量对粗放式经济发展仍有一定空间的条件下，一些地方政府在政策层面虽然对生态文明的响应较为积极，但经济社会发展中全面贯彻落实生态文明理念的行动仍不足，更多重视经济发展而较为忽视生态文明建设。

3. 地方政府官员考核晋升机制不合理

以 GDP 为导向的晋升机制是相对单一的激励方式，在这种考核机制下，政治晋升的压力导致政府官员往往忽视长期效果而注重短期目标，即在任期内尽可能地促进经济增长。中央政府制造业绿色发展的压力仅靠节能减排指标和环境问责制来传导，最终很难将地方政府推向绿色发展的轨道。因此，"十三五"时期仅靠现有节能减排指标促进地方绿色发展的作用是有限的，因为节能减排指标考核很难对其发展本地经济的决心构成威胁，而对制造业绿色发展这样高投入、见效慢的长期工程缺乏兴致。由此可见，现行的以 GDP 为导向的政绩考核体系仍在地方政府决策中发挥着重要影响，尚未形成地方官员对工业绿色转型的激励机制。

三、安徽省制造业绿色发展的路径

前面对其他省市的分析得出的结论：从政策、规划中看，制造业绿色发展的路径主要包括：用能结构的调整和利用效率的提高、资源利用效率的提高和循环经济发展、清洁生产水平、绿色制造产业和节能环保产业的发展、绿色制造体系和标准引领、绿色制造技术和工业绿色设计、工业绿色发展政策体系和绿色金融发展、绿色制造＋互联网和信息化、体制机制创新和法规管制、宣传和培训、国际交流合作等方面。

可借鉴的国外经验：（1）强调碳税、碳标签、绿色制造标准等市场机制建设。（2）注重战略、规划和环境管制法律在绿色制造中的引领和规范作用。（3）重视绿色产业发展的资金投入和技术研发资金投入。（4）大力发展清洁能源、可再生能源以及能源利用效率提升的技术和应用。

安徽在推进制造业绿色化发展有待突破的障碍：政府监督体制有待完善，"高能耗"下能源结构转变困难，产业结构不合理，资金投入与技术创新不足，地方政府和企业绿色转型动力不足等。

根据安徽制造业发展的现状，结合以上研究结论，我们认为，安徽省制造业绿色化发展的现实路径主要有六个方面，包括环境管制、市场机制、产业结构调整、能源结构调整、绿色制造体系建设和绿色制造技术，并进而提出每条路径实施上应当把握的重点和原则。

其一，在环境管制方面，坚持政府管制手段的多样性与强化管制能力建设相结合。

由于制造业的环境污染会产生负外部性，如果没有政策管制，企业将不会自动采取措施来减少污染。因此，在技术水平不变的条件下，环境管制是必要的，这也是各国通常的做法。当前的"环境风暴"对制造业的绿色化发展乃至生态文明建设起到了立竿见影的效果，就是命令控制型管制工具在特定条件下有效发挥作用的表现。但制造业绿色化发展应当选择有效协调和平衡各方利益关系的命令控制型管制工具、经济激励型管制工具、非强制性环境管制工具等管制工具组合，这也是决定管制效果的重要因素。命令控制型管制工具具体的手段多种多样，如标准、禁令、许可证、配额、使用限制等。经济激励型管制工具主要工具有排污收费制度、国家补贴政策、排污权交易、生态保险等。非强制性环境管制工具主要有环境自愿协议管制工具等，通过鼓励企业自主建立全流程的绿色管理和自查制度，引导企业主动实践绿色发展的社会责任。这些工具各有优缺点、各有各自的使用条件，只有有效地组合这些工具，才能使得环境管制的效果发挥到最大。

在各省制定的工业绿色化发展规划中，都将环境管制作为一项内容加以重视。但是责任落实以及监管的方式及其组合都未进行说明，因此会影响到环境管制的有效性。同时，环境管制可能会影响到地方和企业发展经济动力，针对这一情况要如何进行补救，这都是环境管制亟待解决的问题。同时，由于这些管制工具的有效选择和组合比简单地使用命令控制型管制工具要复杂得多，所以对政府的管制能力要求的就更高，包括管制机构的设置、管制人员的数量和能力、管制设备的现代化等都要不断强化其建设和水平。

其二，在市场机制方面，坚持市场化手段的探索性与成熟市场手段的借鉴相结合。

从管制实践来看，未来要推行基于市场的环境管制体制，既重视政府管制权威，又关注市场和企业的作用，通过提高三个主体间的协调性来保障管制效果。在环境管制政策的手段运用方面，逐步减少"行政命令"型方式，更多地倾向于市场化的环境管制途径。以市场信号为导向来规范企业的行为，从而在保证实现价值最大化前提下，自由选择最为经济有效的途径达成企业目标。

目前，我省已经建立了环境影响评价制度、"三同时"制度、排污收费制度、限期治理制度、污染物总量控制制度、排污许可证制度、环境保护规划和计划制度、环境保护目标责任制、城市环境综合整治定量考核制度、企业"关停并转"等制度，初步形成了纵横交错、网状式的环境政策体系。但我省环境管制政策体系尚不健全，突出表现为市场机制手段利用不足，在市场机制手段上更多的是借鉴成熟的经验，对市场化手段的探索性还有待加强。

其三，在产业结构调整方面，坚持传统制造业进行绿色化改造与先进制造业、战略性新兴产业推进相结合。

对传统制造业进行绿色化改造，例如钢铁、有色、建材、化工、造纸、纺织、印染等行业，这些行业的总能耗占工业总能耗的60%以上，污染物排放量在工业污染物排放量中占有较高比例。我省目前的工业结构还是以传统制造业为主，能源消耗、资源消耗主要来自传统工业，所以要把传统工业的绿色化改造作为重中之重。因此，我省要继续全面推进这些传统行业的绿色低碳化改造升级，加快淘汰落后的生产工艺、技术设备和产品，积极开发绿色、高效的加工工艺和生产设备，使得整个生产加工过程绿色低碳化。要推广使用先进的节能减排技术装备工艺，使现有传统制造业的能源消耗和污染排放尽快降下来。同时，要积极推广可回收、循环化技术工艺，提高制造业产品的回收利用率。

同时，推进先进制造业和战略性新兴产业的高起点、绿色化发展。从结构调整来说，未来还是要大力发展先进制造业和战略性新兴产业，也就是高附加值的、高技术含量的产品和产业。但是这些产业和产品对环境也有影响，也有大量能源消耗，所以从一开始就要重视绿色化，不能走过去的老路，污染了以后再治理。

其四，在能源结构调整方面，坚持利用效率提高与新能源产业发展相结合。

全力促进能源的高效、循环利用。政府要鼓励企业强化绿色低碳技术的应用和创新，降低对原材料、能源等的消耗，提高低排放能源的使用比例。支持企业推行循环利用的生产模式，加快推进工业园区循环化改造，促进园区、企业、原料供应商之间的资源共享。同时，政府要支持企业积极研发和推广再制造技术，推行再制造模式，完善再制造产品的质量认定机制，促进再制造产业的可持续发展。既强调能源通过技术创新的利用效率提升，也不能忽视通过管理创新的效率提高。

发展新能源本质就是节约资源、保护环境，加强开发与利用，提升对一些具有投入小、能效高以及污染小的新能源的应用能力，进而真正地实现能源的可持续发展。新能源产业具有较为广泛的发展前景，但是基于现阶段的发展状况来说，各种新能源发展的规模以及速度缺乏平衡性，一些太阳能资源、生物质能源以及风电发展相对较为迅速，但是核聚变、水合物等能源还是处于待开发之中。

其五，在绿色制造体系建设方面，坚持标准引领和第三方评估相结合。

积极打造绿色制造体系。从绿色工厂、绿色产品、绿色园区、绿色供应链四个方面，打造形成绿色制造体系。在当下水平参差不齐的制造业内部推进绿色发展，首先要有行之有效的标准体系。工信部提出，以开发绿色产品、建设绿色工厂、壮大绿色企业、发展绿色园区、打造绿色供应链为重点，加快标准制定工作，成套成体系地推进绿色制造标准化工作，推动加快建立绿色制造体系。绿色制造标准体系建设是一项基础性工作，它将为我国制造业的升级换代指引方向。绿色制造标准制定以后，更为重要的是要落实以及后面的稽查、监督、评价等工作都要跟上。

我省在《安徽省工业绿色发展"十三五"规划》中同样也提出了

创建绿色制造体系。但是，可以借鉴江苏的做法，即重视加强第三方评估机构建设，开展绿色制造咨询、认定和培训等服务，提供绿色制造整体解决方案。

其六，在绿色制造技术上，坚持加快关键技术研发和构建绿色信息化制造体系相结合。

加快核心关键技术研发，实现绿色制造技术群体性突破。加紧制定重点领域绿色制造技术路线图，重点研发新能源和资源集约利用、污染生态系统修复等技术；鼓励企业研发、使用节能环保技术，使生产过程的能量和原材料消耗显著下降，排放显著降低；基于绿色技术具有跨行业、跨专业的特点，建立生物、材料、能源、资源环境等多个领域的绿色技术公共平台；改进技术引进质量和吸收能力，密切追踪国外绿色关键技术的发展动向；完善公共信息服务体系，为相关企业实现绿色转型提供技术选择、技术发展趋势和产品市场前景的咨询服务。同时，安徽省的科研体系日益完备，人才队伍不断壮大，自主创新能力快速提升，区域创新能力连续五年位列全国省份第九位，在热核聚变、量子通信、铁基超导、智能语音等领域取得了一批世界领先的重大科技成果，在新型显示、机器人、新能源汽车、智能装备等领域形成了一批蓬勃发展的战略性新兴产业，科技创新正在进入由量的增长向质的提升的跃升期，创新驱动已具备发力加速的基础。科技创新已成为支撑经济增长的主要力量，成为安徽经济增长最鲜明的特征。安徽省打造区域创新高地、引领带动区域创新发展水平整体不断跃升。我国在构筑全球创新三大高地有上海、北京和合肥；建设八大创新型省市和区域创新中心有江苏、安徽、陕西、浙江、湖北等；在推动国家自主创新示范区和高新区建设的 17 家中也包括中关村、张江、合芜蚌等。安徽目前发挥创新省份建设、合芜蚌自主创新示范区、全面创新综合改革试点、合肥综合性国家科学中心四大国家战略的叠加效应，形成发展合力，在全国率先成为创新型省份。

制造业绿色化发展对信息化有着更高的要求，例如实现发动机的高效节能、生产过程的自动化与智能化、加工过程的绿色化、工厂的能源管理等离开信息技术的支撑寸步难行。因此，现代制造业要构建绿色信息化制造体系，持续以信息技术推动绿色制造的发展。鼓励制造业企业将信息化理念融入绿色制造，鼓励制造业企业全面推进信息化的创新建设，充分运用信息技术，在成本、设计、加工、包装、运输、回收、再制造等方面推动信息化建设，从而构建一条企业信息化知识链，对其进行有效的管理，确保其高效循环运作，只有这样，才能推动绿色制造的有效落地。

第六章　安徽省制造业绿色发展典型案例分析

第一节　安徽省绿色制造示范区域及产业结构分布情况分析

一、安徽省绿色制造示范区域分布情况分析

为贯彻落实《中国制造 2025》，深入实施绿色制造工程，加快构建绿色制造体系，发挥绿色制造先进典型的示范带动作用，国家工信部自 2017 年起，连续两年开展国家级绿色制造示范名单确认工作，经申报单位自评价、第三方评价机构现场评价、省级工业和信息化主管部门评估确认以及专家论证、公示等环节，安徽省共有 31 家工厂、67 种产品、3 个园区入选国家示范名单，总体数量居全国第 2。

安徽省入选国家示范名单的绿色工厂共 31 家，居全国第 4 位，其中，芜湖市有 5 家工厂入选，合肥市、马鞍山市、阜阳市、六安市分别有 4 家工厂入选，黄山市、滁州市、安庆市分别有 2 家工厂入选，池州市、淮北市、宣城市、铜陵市分别有 1 家工厂入选，如图 6-1 所示。

安徽省入选国家示范名单的绿色设计产品共 67 种，总数居全国第 1 位。合肥市在绿色设计产品示范名单中占据了绝对优势，共有 63 种产品入选国家示范名单，产品主要集中在美的、美菱、晶弘电器等家电企业中，显示了合肥市在家电行业巨大的竞争优势；其他市仅滁州市、阜阳市、安庆市上榜，上榜数量分别有 2 个、1 个、1 个，如图 6-2 所示。

安徽省入选国家示范名单的绿色示范园区总共有 3 个，分别是安徽阜阳界首高新区田营产业园、宁国经济技术开发区和广德经济开发区，入选总数居全国第 3 位。

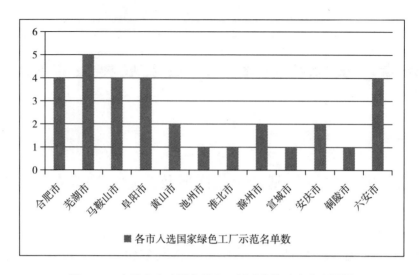

图 6-1　安徽省入选国家绿色工厂示范按地市分布情况

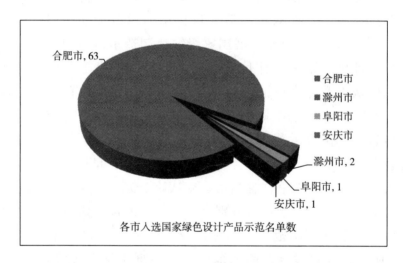

图 6-2　安徽省入选国家绿色设计产品示范按地市分布情况

二、安徽省绿色制造示范产业结构分布情况分析

从产业结构分布来看，安徽省入选国家示范名单的绿色工厂分布在11个产业中，其中电子、轻工分别有8家工厂入选，两个产业共占安徽省入选示范名单的绿色工厂总数的52%；其他产业中，化工、机械、水泥分别有4家、3家、2家工厂入选，纺织、钢铁、建材、矿

山、汽车、冶金均分别有 1 家工厂入选示范。从产业结构看，安徽省绿色制造在轻工业行业开展情况好于重工业行业，如图 6-3 所示。

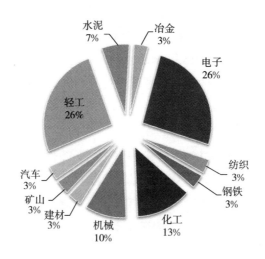

图 6-3　安徽省入选国家绿色工厂示范按行业分布情况

安徽省家电行业在绿色制造领域处于全国领先地位，入选的 67 种绿色设计产品中有 65 种产品属于家电行业，其中，家用电冰箱 60 种，占所有入选的绿色设计产品总数的 89.6%；电动洗衣机 3 种、纯净水处理器 1 种；房间空气调节器 1 种；铅酸蓄电池和丝绸（蚕丝）制品分别有 1 种产品入选。绿色设计产品结构单一、集中度高，主要分布在几家大型家电企业，反映了安徽省主导产业企业绿色制造实力较强但整体上产业覆盖面较窄的现状。

第二节　安徽省绿色制造示范典型案例分析

一、绿色园区典型案例分析

（一）宁国经济技术开发区绿色园区建设

1. 宁国经济技术开发区简介

宁国经济技术开发区（简称宁国开发区）位于安徽省宁国市，连接皖浙两省七个县市。2000 年 12 月经省政府批准设立，2013 年 3 月被国务院批准为国家级经济技术开发区。开发区规划面积 7.77 平方公里，已建成面积 7.4 平方公里，远景规划了"一区三园一拓展"的发展格局。截至 2016 年底，园区现有注册企业 2017 家，其中规模以上工业企业 223 家，2016 年工业总产值 459.97 亿元。目前，宁国经济技术开发区业已形成汽车橡胶零部件、耐磨铸件、电子元器件、现代农业四大产业集群以及新型节能建材、新能源应用、食品医疗、电子信息等新兴潜力增长型产业布局。

2007 年以来，开发区先后荣获"安徽省投资环境十佳园区""浙商最具投资价值开发区""粤商最适宜投资地区""全国百佳科学发展示范园区""浙江企业家投资中国首选开发区""全国百佳科学发展示范园区""全省开发区综合经济运行评价先进单位"等荣誉称号，连续两届蝉联"安徽省创新型园区"，被省经信委认定为"安徽省新型工业化产业示范基地"。

2017 年 8 月，宁国开发区入选第一批国家级绿色制造示范名单。

2. 宁国经济技术开发区绿色园区建设或改造主要做法

（1）能源利用绿色化

为优化产业结构调整，宁国开发区坚持走科技含量高、经济效益好、资源消耗低的新型工业化道路，节能成效明显。坚持"控制源头、改造现有、淘汰落后"的工作思路，通过产业结构调整加快实现节能降耗。

一是从源头上严把耗能企业准入关，制定严格的准入条件，严格限制高耗产业发展，变事后管理为事前管理，近三年来，开发区拒绝高能耗企业入园投资累计达 100 亿元以上。

二是加快发展低能耗高附加值的产业和农副产品加工业。加大资金投入，研究探索园区增效节能的新办法、新措施，积极推进节能技术进步。鼓励支持企业不断加大技改资金投入力度，大力实施一批节能降耗的关键技术、重大装备和工艺流程，进一步推动新能源技术的开发和应用，突出抓好部分企业节的能技改项目，促进节能技术推广。

三是坚决淘汰落后的生产能力、工艺和技术，帮助和指导企业加强管理，引进先进技术和工艺，严格按照环保、安全等方面的要求，实现企业的继续发展。积极推动园区企业实现煤改电、电改气等用能方式转变，目前园区凤形、司尔特等重点用煤企业已全部实现煤改电转变，经过管委会积极引导，多数企业正在探索电改天然气的改造，中鼎等企业已率先完成电改气的转型，同时加快推进"金太阳"工程，利用厂房屋顶太阳能发电，促进园区用电类型向太阳能转型，年节约标准煤 3332 吨，年减排 CO_2 约 0.87 万吨，减排 SO_2 约 56 吨，NO_x 约 42 吨。通过以上转变有效促进了园区工业生产的整体节能降耗。

四是加大资金投入，研究探索园区增效节能的新方法、新措施，积极推进节能技术进步。鼓励支持企业不断加大技改资金投入力度，大力实施一批节能降耗的关键技术、重大装备和工艺流程，进一步推动新能源技术的开发和应用，突出抓好部分企业节能环保技改项目，促进节能环保技术推广。采取实际奖励措施，鼓励园区内企业开展节能降耗工作，对已经备案的节能技术改造项目（包括采用合同能源管理），竣工实施后年节能量达到 500 吨标准煤以上的企业，按每吨标准煤 200 元给予奖励，单个企业奖励最高不超过 50 万元。

五是可再生能源和清洁能源的使用，宁国开发区大力推动可再生能源和清洁能源使用，使用的可再生能源主要为生物质废料、余热余压和少量的太阳能，使用的清洁能源主要包括天然气、汽油、液化石油气、电力等，可再生能源和清洁能源使用占工业综合能耗总量比重呈逐年上升态势。

六是建立能源管理体系，积极鼓励企业建立能源管理系统，利用政企通网络平台，定期汇总园区内企业关于能源利用的反馈信息，通过整理和分析数据、定期或不定期地现场监测，对园区的能源利用情况进行监督管理，在不断推广、完善企业能源管理的基础上，开发区也将逐步建立并运行更为先进和完善的能源管理体系。

（2）资源利用绿色化

宁国经济技术开发区坚持节约集约用地，推进节能环保，实行绿色发展，资源综合利用，依靠科技进步和人才支撑，使整个开发区资源利用率不断提高。开发区抓住创建"全国国土资源节约集约模范县

（市）"的机遇，坚持"科学规划，优化配置，节约集约，合理利用"的基本方针，多措并举，积极推进国土资源节约集约利用，取得可喜成效。

在园区道路建设方面，主要道路两旁路灯全部采用新型太阳能发电路灯，极大降低了能源浪费，全力打造绿色、生态园区。

在水资源利用方面，园区实现雨污管道分流，对雨水集中处理后强化再利用，目前园区南山公园内湖用水及部分企业生产用水全部来自雨水采集系统，极大程度地减少了水资源的浪费。此外，在污水处理方面，宁国污水处理厂采用奥贝尔氧化沟处理工艺，并安装了自动在线监控装置，开发区内部分企业在生产经营过程中产生的工业废水和生活污水，经过企业内的污水处理设施处理，满足污水厂接管标准后，经市政管网输送至宁国污水处理厂集中处理。

在土地节约集约利用方面，加强对企业用地和投资强度的控制，鼓励企业建设多层厂房，最大限度地利用好土地资源，同时开发区加快各特色专业园区、标准化厂房的建设培育。特色园区的建设有力促进了同类产业的集聚和整合，实现了行业规模经济和区域规模经济，形成产业整体竞争优势。

在废弃物循环利用方面，宁国开发区大力发展固体废弃物的综合利用，把资源回收利用作为实践绿色和发展循环经济的重要内容，开发区目前已形成以工业废渣、粉煤灰、废砖瓦、废钢铁、废橡胶、废旧电瓷、废旧耐火砖、废旧塑料、农林废弃物、竹废弃物、山核桃蒲和壳等固体废物为主的循环利用体系，引进了新型建材、有机肥加工生产线，建立了废旧钢铁、废旧塑料等分拣及回收利用中心，并对相关企业实施奖励或其他政策扶持。废弃物资/资源综合利用典型案例如图6-4所示。

在绿色产业培育方面，宁国开发区大力发展以低碳循环为主的绿色产业，通过推广新建建筑采用节能技术和新型建筑材料，引进新型建材和有机肥生产线，鼓励国内外光电光伏龙头企业和成长性企业落户宁国，鼓励技能环保装备和材料研发，开发区节能建筑、新型建材、光伏产业、新材料等绿色产业得到快速发展。

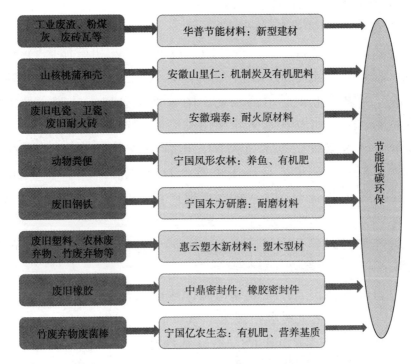

图 6-4 废弃物资/资源综合利用典型案例

3. 取得的成效

经过一系列绿色园区建设和改造,开发区近三年能源综合消耗总量略有下降,能源产出率均大于 5 万元/吨标准煤,可再生能源使用比例均大于 18%,分别为 18.51%、19.56%、19.73%,清洁能源使用率均大于 80%,分别为 82.18%、84.17%、86.48%,均呈逐年提高态势;水资源产出率和工业用水重复利用率逐年提升。2016 年水资源产出率达到 1714 元/m³,工业用水重复率和中水回用率分别为 88.69% 和 22.93%,单位工业增加值废水排放量低至 2.75 吨/万元; 2016 年土地资源产出率已逐年提高至 15.50 亿元/km²,工业固体废弃物综合利用为 88.73%,危险废物安全处置率 100%,万元工业增加值碳排放量消减率为 15.52%;开发区绿色产业发展成稳步上升态势,近三年绿色产业实现增加值 12.96 亿元、13.69 亿元、15.95 亿元,占全部工业增加值比重提升至 13.91%。

（二）界首高新区田营产业园绿色园区建设

1. 界首高新区田营产业园简介

安徽阜阳界首高新区田营产业园（以下简称"田营园区"）组建于 2005 年，是以铅蓄电池制造为主导的园区，先后获批为国家循环经济示范园区、国家城市矿产示范基地、国家涉重金属类危废产品集中处置利用基地、国家动力电池循环利用高新技术产业基地和全国循环经济先进单位等国家级试点示范园区。田营园区规划面积 5 平方公里，现已建成 3.6 平方公里，是阜阳市首个百亿产值园区。截至 2016 年底，田营园区入驻企业 20 余家，实现产值 280 亿元，上缴税金 9.2 亿元。

2018 年 2 月，界首高新区田营产业园入选第二批国家级绿色制造示范名单。

2. 界首高新区田营产业园绿色园区建设或改造主要做法

（1）执行"七化"要求，催生"城市矿山"

园区始终按照"城市矿产"示范基地建设方案中提出的"七化"的要求，即回收体系网络化、产业链条合理化、资源利用规模化、技术装备领先化、基础设施共享化、环保处理集中化、运营管理规范化，克服困难，狠抓落实，倾力推进，善做善成，催生了一座现代化的产业园区和富饶的"城市矿山"。

（2）围绕"五抓"，规范"环保与安全"园区

视"环保与安全"为园区的生命，围绕规范治理和达标排放，做到"五抓"。一是抓硬件设施投入。建设污水处理厂和固废处理中心，日处理污水能力达到 5000 吨，处理固废能力达 15 吨，污水管网做到了全覆盖，各种废弃物实现了全收集，硬件上能满足园区企业废水和废弃物安全、有效处置的需要。二是抓企业现场管理。要求各企业严格实施。从原材料堆放、功能区划分、治污设施运转和烟尘的收集、污水酸雾处理、防护措施等方面，搞好管理，确保现场干净、整洁、规范、有序、无味。三是抓职业卫生防护。加强对一线职工的培训，规范操作程序，采取有效措施防范职业病。强制推行职工岗前、岗中、离厂体检制度，建立职工健康档案，保护好产业工人这支队伍。开展

安全生产培训，落实企业主体责任，最大限度减少工伤事故的发生。四是抓日常监督巡查。新上和技改扩建项目，主要是执行环评制度和"三同时"制度，在产的主要抓清洁生产审核和职业卫生防护、安全生产、控效评价等制度的落实。市环保局在园区设有环境监察中队，管委会抽出专人全力配合，加强日常监测，实行 24 小时动态巡查，对偷排乱倒行为实行"零容忍"。五是抓专项治理。每年都要根据产业发展需要，开展 1～2 次专项行动，通过制定方案、现场指导、停产整改、强化督查等措施削减污染物排放量，保护好园区自然生态。

（3）推进"四项建设"，创建"绿色体系"

一是项目建设，重点是围绕产业升级，抓好"双改两新"战略的落实。"双改"就是华鑫集团的技改和改制，总投资 10 亿元，建设周期 2 年，分两期进行，一期现已建成试生产，二期于年底建成投产，采用的工艺技术和装备水平有 12 项指标达到清洁生产一级水平。"两新"即要求园区所有蓄电池企业上马新工艺、开发新产品，新工艺就是实施内化成工艺改造新产品，就是变单一的电动自行车电池生产为汽车电池、储能电池和通信电池生产。二是生态建设，主要抓沟塘治理和园区绿化、防护林扩围。通过恢复原有自然生态水系，实现再生水循环利用。通过对园区内外公共地段实施绿化、加密、补栽、新栽，形成了乔灌结合、四季辉映、点线面交织的全景式生态园林，努力为园区职工和周边村民创造一个天蓝、水清、草绿、地净的生产生活环境。三是文化建设，通过改造提升城市矿产展厅，编制《绿色崛起》书籍和《奋力升起的朝阳》画册，制作园区专题片和循环经济之歌，设立环保文化宣传长廊、开展环保志愿服务和各种职工群众共同参与的文娱活动等措施，倡导循环经济理念，调动园区企业、职工及周边村庄参与环境治理积极性，保护园区生态环境。四是人才建设，田营园区一直致力于建立四支人才队伍。即资经营善管理的企业家队伍、刻苦钻研的研发队伍、遍及全国的回收人员队伍和操作精良的产业工人队伍。

（4）实施"六化"发展模式，强化绿色发展能力

一是园区化开发，在搬迁整合村庄土法冶炼的基础上，新选址规

划建设产业园区，并做好了园区总体规划和专项规划，按照产业经营特点簇群布局，划分了功能区，完善了基础设施和公共服务设施。二是集团化经营，整合了本土初加工中小企业，以环保统规和财务统管为纽带，组团造舰，成立了华鑫集团、华铂再生资源科技有限公司。三是产业化招商，依靠资源、政策、环境优势吸收下游企业入驻，延伸链条，提升产品附加值，推动产业循环。四是统一化治污，坚持源头控制、中间阻断、末端治理、园区互动的总体思路，园区建立污水处理和固废处理设施，使所有进入园区的废弃物都能得到安全有效处置。五是网络化收购，园区骨干企业华鑫集团、华铂再生资源科技有限公司在全国大中城市设有300多个收购网点，从业人员近6000人，并形成了以界首为中心，辐射周边500多公里的废旧铅蓄电池近距离回收圈，年回收废旧电瓶50万吨以上，建立了较为稳定的、长期的购销渠道。六是集成化创新，重点围绕循环化改造，积极与国内科研院所建立产学研联盟，增强研发针对性，加速技术成果转化应用步伐。

（5）做好"三年改造计划"，提前谋划发展方向

未来三年，园区将依托界首产业基础，发挥田营产业园在铅冶炼产业的领军优势，以延伸和完善铅蓄电池产业链条为中心，构造以铅蓄电池为核心的"铅蓄电池回收—铅化工冶炼—铅蓄电池制造—铅渣提炼锡、铅回收"的轻工业产业链，实现基地化、集约化、高端化、自动化发展。重点以华鑫集团、天能电源、南都华宇、华铂科技等龙头企业为核心打造铅酸电池产业规模化集群，引入电池添加剂、电池拆解自动化改造、石墨烯、铅碳、锂电池等新型电池中下游项目，择机发展新型中空塑料模板、锡金属提取等多元化项目，优先发展轻污染或无污染的化工新材料产业，以废电池自动化拆解、全自动生产线改造项目为依托实现动力型蓄电池组装线自动化集成技术改造，以锂电池回收及锂电池产业园建设项目为契机推动关键共性技术研发与产业化工程。

3. 取得的成效

田营园区取得的成效可以概括为"六型"：

一是资源节约型。田营园区年回收废旧电瓶50万吨，通过冶炼加

工生产再生铅 33 万吨，可每年为国家节省 3000 多万吨铅矿石，相当于少建了 10 个大型铅矿开采企业，使我国铅自给能力由 10 年延长至 50 年。

二是环境友好型。从全国层面看，田营园区通过建立废旧电瓶回收体系和加工环节的集中治理，实行园区化开发利用，可有效降低散落在全国各地的铅污染。同时再生铅与原生铅相比，综合生产成本可降低 38%，节能减排 50% 以上。以田营园区目前的回收量和加工量，每年可节约原煤量 11.96 万吨，减少废水排放量 439 万吨，减少二氧化硫排放量 1.81 万吨，减少废渣产生量 1000 万吨，推动了节能减排和资源的循环利用，大大降低了污染物的产生量。

三是科技创新型。目前，园区建有院士工作站 1 个、博士后工作站 1 个，获批国家动力电池循环利用高新技术产业化基地、全国循环经济示范园区、全国区域性大型再生资源回收利用基地等称号，拥有安徽再生铅产业工程中心 1 个、安徽省企业技术中心 7 个，拥有省级高新技术企业 7 家、已入库培育高新技术企业 4 家，企业与大专院校科研院所签订产学研合作技术创新联盟协议 8 家，共聘请环保、冶金等有关单位 16 位高级技术人员参与技术攻关，已获发明专利 8 项，实用新型专利 100 多项，园区的整体实力和科技创新能力位居全国前列。

四是文化引领型。田营人通过铅冶炼，加深了对铅的用途和危害的认知和把握，不仅掌握了加工增值的方法和技术，也总结出了一套防范铅污染和危害方法和对策，不再"谈铅色变"，而是言必环保，做到了趋利避害、变废为宝、循环利用，形成了"务本、兴业、创新、责任、生态"的园区文化，引领着园区企业家和职工在产业报国的道路上实现经济发展和环境保护的双赢。

五是生态园林型。田营园区规划面积 5 平方公里，已建成面积 3.6 平方公里，入驻企业 20 多家，上下游企业形成了产业链和生态链，进来的每一只旧电瓶被吃干榨尽，出去的每一只新电瓶绿色环保可回收，"三废"做到了达标排放。从自然生态上来讲，近年来园区通过持续不断地抓配套设施建设和防护林扩围、沟塘改造、园区绿化、污水处理，园外郁郁葱葱，园内花草掩映，沟塘碧波相连，道路宽阔洁净，一个生态园林型的现代化园区正在快速成长。

六是民生改善型。园区现吸纳劳动力1.8万人，占田营镇劳动力的占80%以上，工资和创业收入加快了村民致富的步伐，催生了千万富翁和百亿级企业，抹平了城乡差距，推动了美好乡村建设。自2006年起，园区先后组织企业拿出近亿元资金，支持当地修路、助教、扶贫济困等公益事业，村民生产生活条件快速改善，直接推动了城镇化。界首市2013年新修编的城市规划中把田营园区和周边村庄纳入城市范围，拟打造生态园区与美好乡村互动发展的先行区。

（三）广德经济开发区绿色园区建设

1. 广德经济开发区简介

广德经济开发区位于安徽省广德县中部，于2002年启动建设，2006年获批省级经济开发区。园区总体规划面积14.55平方公里，分三期开发建设，已建成面积8.5平方公里，九年一贯制滨河学校、农贸市场、污水处理厂、标准化厂房、电子商务产业园等一批生产生活性配套设施投入使用，绿化亮化美化工程日趋完善，一座宜业宜居的工业新城正拔地而起。截至目前，园区共投入建设资金近50亿元，引进协议内资超500亿元、外资5.4亿美元，现有投产企业301家、规工企业140家、高新技术企业21家，已初步形成信息电子（龙头企业：宝达精密电路公司、亮亮电子公司）、机械制造（龙头企业涌诚机械、拓盛汽车零部件）两大主导产业和以印制线路板（PCB）、汽车零部件、智能化成套装备、新材料为代表的四大工业板块。

2010年以来，园区相继荣获"省模范劳动关系和谐工业园区、省新型工业化产业示范基地、省循环经济示范单位、省两化融合示范区、省印制电路板（PCB）特色产业基地、省电子信息产业基地、省知识产权示范试点园区、省卓越绩效奖"等多项殊荣，强势挺进全省开发区第一梯队、综合竞争力前20强。

2018年2月，广德经济开发区入选第二批国家级绿色制造示范名单。

2. 广德经济开发区绿色园区建设或改造主要做法

广德经济开发区多年来始终坚持绿色集约发展，走低碳循环发展路线，作为省级经济开发区，严格资源节约和环境准入门槛，大力发展节能环保产业，推广使用太阳能、风能等可再生能源，采用绿色高效能源照明和风光互补路灯系统，鼓励太阳能与建筑一体化应用，不断提高能源资源利用效率，减少污染物排放，防控环境风险。

（1）运行管理上规划先行

为了保障广德经济开发区始终走在绿色发展的康庄大道上，建立适合园区绿色化的运行管理体系显得至关重要。近年来，开发区积极开展循环经济、节能降耗等工作，制定了《广德经济开发区国民经济和社会发展"十三五"规划纲要》和相应的实施方案等文件，推动了多项重点支撑项目，并充分利用现有的信息共享平台，逐步建立完善的开发区绿色化运行管理机制。

（2）能源利用上推动综合利用和开发利用新能源

以天运无纺、森泰塑木、环态节能炉灶、鼎梁生物能源科技等试点企业为示范，开展能源和水的梯级利用，开发利用企业的废弃物资源，形成废弃物和副产品循环利用的工业生态产业链，实现资源利用最大化和废物排放最小化。按照安徽省重点耗能企业"双千节能行动"实施方案的统一部署，认真抓好园区列入千家企业名单的8家企业的节能行动，重点抓住耗能、耗材大户开展节能降耗工作，推动这批项目在全区节能工作中充分发挥示范带动作用，降低单位GDP能耗。开发区积极推进可再生能源与清洁能源的使用，其中，可再生能源主要为太阳能，光伏发电项目由世界500强企业中国机械工业集团有限公司的子公司中国能源工程（海门）发展有限公司投资开发建设，项目以企业厂房房顶铺设分布式光伏设备，总装机量390MW，项目正在建设中，近三年均发电量为2038kWh。

（3）资源利用上集约化、节约化、循环化

广德经济开发区，坚持节约集约用地，推进节能环保，实行绿色发展，资源综合利用。积极推进再生资源综合利用和水资源循环利用，重点建设PCB园区、一万产业园、森泰集中加工区的污水处理系统改造和中水回用系统，积极在水资源消耗大的企业和绿化、卫生清洁等方面推广使用中水；积极推动固废处理中心建设，且前期规划已经完成，该项目建成后，将使园区危险废弃物全部实现安全、无害化处理。

（4）产业布局上"共生与补链"

重点围绕开发区两大支柱产业推动生态产业链的构建，积极在招商引资和项目审批备案上重点支持共生和补链项目的引进，构建循环产业链和静脉产业，增强企业或行业间的互动和共生发展，在企业间、行业间建立副产品交换的良性循环，提高资源的循环利用水平。目前，PCB 产业园现已形成从玻纤纱、玻纤布、覆铜板到 PCB 板的整条完整的产业链汽摩配产业园企业产品范围扩展到汽车配件、汽车电子、内外装饰、轻量化车身等一百多种系列上千余个品种。

3. 取得的成效

广德经济开发区从工业固体废弃物的处置、废气排放、废水排放和主要污染物排放等几个方面严格管控，并维持开发区内绿化覆盖率，以减少工业生产对开发区生态环境的不良影响，保持开发区生态环境质量。目前 PCB 产业园已落户企业 40 余家，首批入园企业及配套项目已建设完成，待园区全面投产达效后，预计年产值超 120 亿元、税收 7 亿元，将建成长三角领先、全国一流的印刷电路板生产基地；汽摩配产业园具备规模效应，已签约入园项目 50 余个。

从绿色发展成效看，2016 年广德经济开发区绿色产业增加值占比达 10%，区内企业清洁能源使用率达 99.83%，较 2014 年提升了 4.57个百分点，工业用水重复利用率和中水回用率分别为 81.3% 和40.07%，较 2014 年分别提升 13.1 个百分点和 4.44 个百分点，工业固体废弃物综合利用率和再生资源回收利用率保持 100%。

二、绿色工厂典型案例分析

（一）马鞍山钢铁股份有限公司

1. 马鞍山钢铁股份有限公司简介

马钢是中国特大型钢铁联合企业和重要的钢材生产基地，隶属安徽省委省政府及省国资委管辖，是安徽省最大的工业企业之一。企业位于长江之滨，地理位置优越，交通快捷便利。现有马钢股份本部、合肥公司、长钢股份三个钢铁生产基地，员工 5.6 万人，已具备 2000

万吨钢以上的综合配套能力。

马钢拥有钢铁主业和多元产业两大业务板块。钢铁主业主营黑色金属冶炼及其压延加工与产品销售，拥有冷热轧薄板、镀锌板、彩涂板、硅钢、高速线（棒）材、H型钢、车轮（轮箍）等世界一流的生产线，形成独具特色的"板、型、线、轮、特"产品结构，板带比超过50%，主体装备均实现大型化和现代化，70%的工艺装备达到世界先进水平。公司产品出口到50多个国家和地区，广泛应用于航空、铁路、海洋、汽车、家电、造船、建筑、机械制造等领域及国家重点工程，其中H型钢、车轮产品为"中国名牌"产品。

2017年8月，马鞍山钢铁股份有限公司入选第一批国家级绿色制造示范名单。

2. 马鞍山钢铁股份有限公司绿色工厂建设

马钢秉承"做精钢铁，多业并举，绿色企业，美好家园"的企业愿景和"环境经营、绿色发展"的环保理念，以转型升级推动绿色发展，积极构建高效、清洁、低碳、循环的绿色制造体系，系统推进节能环保、清洁生产和绿色制造，打造"绿色"马钢。

（1）建筑节能

马钢在建设厂房建筑时，采用了节能技术、节能型材料。整体来看，钢结构厂房梁柱大部分均采用Q345合金钢材料、部分采用热轧H型钢材料，如1580项目；屋面瓦和墙体围护结构采用0.6～1.0mm厚彩钢瓦，部分有节能环保要求的厂房采取了保温彩钢瓦，如埃斯科项目；有保温要求的建筑均采用了中空玻璃窗，如4♯高炉项目；所有厂房采取聚氨酯玻璃彩钢板增加照明，减少能源浪费；其他建筑墙体围护结构采取混凝土空心砖或多孔砖，中空玻璃窗，钢筋混凝土屋面增加了保温设置。

（2）资源投入绿色化

按照循环经济"减量化"原则，坚持"精料入炉"的方针，从源头减少废弃物的产生量和提高资源产出率；大力推广开发先进生产工艺技术，大幅降低资源消耗和提高成材率；加强生产、消费、流通等各环节全程跟踪管理，实施资源节约利用和控制有害元素的产生。

一是坚持"精料入炉"的方针，严格控制原料含硫量，目前烧结混匀矿和球团配矿中已停止使用含硫较高的原料品种。采用低硫铁矿和低硫煤炭分别进行高炉冶炼和焦化生产，从而降低了 SO_2 的排放和钢铁产品的脱硫压力。采用进口高品位低硫铁矿进行高炉冶炼生产，从而减少焦炭、石灰等燃料和熔剂的使用量。据统计，入炉矿品位每提高 1％，焦比降低 2％，产量提高 3％；同时，随着铁矿石品位的提高，矿石中脉石数量减少，高炉冶炼用熔剂量和渣量也相应减少。转炉炼钢采用活性石灰，可明显减少熔剂用量和降低金属铁的损耗。

二是采用低温烧结和厚料层烧结等先进烧结技术，可有效降低燃料消耗和烧结矿的粉化率，从而减少烧结返矿和烧结粉尘的产生量，炼铁工序采用富氧喷煤技术，提高喷煤比，节约焦煤资源。炼钢采用自动化高效冶炼技术，提高炼钢终点命中率，减少不必要的补吹等操作、从而提高金属收得率；采用 LF 精炼渣循环利用和溅渣护炉等先进技术，可有效降低精炼剂和耐火材料的消耗量。轧钢采用一火成材和高猜度的生产设备、完善的检测控制手段（闭环），减少切头、切尾和切边量，提高成材率。大力推广高炉采用干法除尘，转炉主体设备采用软水密闭循环冷却，加热炉采用汽化冷却等先进节水生产工艺和节水技术，吨钢新水消耗不断下降，已由 2011 年的 $4.25m^3$ 降至 2015 年的 $3.47m^3$。同时，加大工业废水的深化处理和回收利用力度，工业水重复利用率已达 97.8％，水污染物实现 100％达标排放。

（3）新能源利用

马钢作为高耗能的大型钢铁企业，同时位于马鞍山市城区内，结合企业自身特点发展与利用新能源，逐步降低一次能源的消耗，具有特别重要的实际意义。马钢股份有限公司热电总厂已开展建设屋顶分布式光伏电站，项目装机容量 1.5MW，共安装 265W 太阳能光伏组件 5654 块，利用屋顶和地面面积 16000 平方米。采用合同能源管理方式，目前已完成可研与设计，正处于施工阶段。

光伏电站建成后预计年发电量约为 150 万 kWh，年节约 600 吨标准煤，同时减少排放 408 吨碳粉尘、1496 吨二氧化碳、45 吨二氧化硫、22.5 吨氢氧化物。对马钢股份所在的雨山区的地方经济发展将起到积极作用，既可以提供新的电源，又不增加环境压力，具有明显的社会效益和环境效益。马钢热电厂建设太阳能绿色清洁能源电力，优化了集团内部的能源结构，打破对传统能源的依赖，实现能源结构由"黑"转"绿"的转变；其次，能够实现传统能源使用过程中二氧化碳、二氧化硫和粉尘的减量排放，完成节能减排指标。

（4）供应链绿色化

通过参股、长期协议、战略联盟等形式，公司与国内外多家原燃料供应商建立了长期战略合作伙伴关系，与所有供应商平等交易，使其与公司在激烈的市场竞争中互惠共赢；通过签订煤钢互保协议加深公司与煤企之间的合作，实现了双赢；通过优化物流、优化采购产品的标准等，整合内外供应链各环节的优势，不断削减各环节的浪费。公司坚持"广开大门、提高标准"的原则，通过规范运行向社会公开的供应商提供准入信息平台，广泛吸收有资源优势、品牌优势、竞争优势及质量保障能力的供方；开展供方 ABC 分级评价工作，从采购评审和质量评审两个方面对供方进行综合评价，对诚信的战略供方优先保量。公司《原材料供应商管理办法》对主要物料的生产实体供方，要求需通过 ISO9000 标准质量体系认证，合金、炼钢辅料、机电类涉及汽车板生产的品种生产实体需通过 ISO14001 环境管理体系认证。石化类产品供方必须具有质量体系、环境体系认证证书；涉及汽车板生产用产品，必须有 TS 认证证书；出口产品如需要提供 ROSH 证书，必须提供该证书。进行设备采购时，在技术、服务等指标同等的条件下，优先购买对环境影响较少的环境标志产品。

（5）固废利用专业化

2015 年马钢公司产生各类冶炼渣、除尘灰、粉煤灰等废物830.7 万吨，综合利用 828 万吨，综合利用率 99.67%，属于行业先进水平。其中，含铁尘泥、高炉渣、转炉渣综合利用率更是达到100%。固废资源综合利用技术水平和利用附加值较高，资源综合利用产业化发展水平处于行业先进水平。公司成立了专门的冶金固废资源综合利用分公司，加强对冶金固炭资源的回收利用管理，负责各类铁、钢渣、干渣、氧化铁皮等固体废物来料装卸、仓储、加工、直供及加工分选后不可利用的固废资源销售，拥有 4 大料场、生产加工线 8 条。

马钢公司是国内首家引进新日铁先进的转底炉（RHF）工艺处理高炉瓦斯灰等含锌尘泥的公司，并实现了自主集成创新，年产金属化球团 5.3 万吨和含锌原料 2.5 万吨。新区钢铁工程配套建成先进的冶金固体废弃物综合在线处理及循环再生利用工程，实现"钢渣全部在线分类处理，全程渣不落地"。充分发挥冶金企业的社会废弃物消纳功能，回收利用社会废钢铁、拆解回收社会废旧汽车等城市矿产资源，实现了企业与社会的和谐共融发展。成立专门的废钢公司，具备先进的起重机、抓钢机、打包加工生产线和门式剪切加工生产线等工艺装备，年加工处理废钢几十万吨。

（6）能源低碳化

公司通过碳足迹计算及分析，明确了排放特点及重点，并相应制定了碳减排对策，一是优化能源消费结构方面。烧结、高炉工序是钢铁生产固体燃料消耗的主要工序，基于此，公司积极组织开展了节能降耗攻关及劳动竞赛活动。各单位落实精益运营、对标挖潜措施，从工艺优化、设备维护、操作提升以及技术攻关等方面入手，节能降耗，降本增效。铁厂持续开展提高喷煤比竞赛，高炉煤比逐月上升，燃料结构逐步优化，实现了能源成本、工序能耗双下降钢轧总厂优化炼钢操作，合理安排生产节奏，做好低产能条件下的设备运行，及能源介质调控，与能控中心密切联系，优化操控，提高转炉煤气蒸汽回收量，提高负能炼钢水平。二是提高能源利用效率方面。近年来，公司实施了新区金干熄焦工程、5♯焦炉大修余热利用工程、三铁总厂烧结主抽风机节能改造、4♯高炉鼓风脱湿及 TRT 发电、四钢轧总厂 300t 转炉二除风机变频改造、热电总厂乏汽回收、能控中心第三空压站干燥机节能改造等一系列能效提升项目。公司通过采取积极有效的碳减排应对措施，近三年公司呈现二氧化碳排放总量及排放强度双下降趋势，其中二氧化碳排放总量由 2013 年的 2955 万吨下降到 2015 年的 2867万吨，降幅为 3%；吨钢二氧化碳排放量由 2013 年的 2.21 吨下降到2015 年的 2.13 吨，降幅为 3.6%。

（二）芜湖海螺水泥有限公司

1. 芜湖海螺水泥有限公司简介

芜湖海螺水泥有限公司位于安徽省繁昌县境内，主厂区三面环山，碧水蓝天，距芜湖市区约 30 公里，濒临长江，靠近沪宁杭，交通、区位优势明显。公司有年产 1500 万吨熟料、320 万吨水泥以及 6 亿度发电的能力。公司成立于 2004 年 9 月，是海螺集团规划建设的沿江四大千万吨级水泥熟料基地之一，属省"861"重点项目。一、二期已建成四条日产 4500 吨水泥熟料生产线、四台 Φ4.2×14.5 水泥磨机、两套 18000kW 余热发电机组，并配套建有 9.8 公里的皮带长廊以及七个泊位、年吞吐量达 1840 万吨的专用码头。三期两条日产 12000 吨水泥熟料生产线及配套的 36 兆瓦余热发电项目总投资约 30 亿元，是海螺集团为了响应国家提出的"扩内需、保增长"号召，所建生产线是目前世界上规模最大、技术最先进的水泥熟料生产线。它的建成使芜湖海螺一跃成为当今世界最大的水泥熟料生产基地之一。

2017 年 8 月，芜湖海螺水泥有限公司入选第一批国家级绿色制造示范名单。

2. 芜湖海螺水泥有限公司绿色工厂建设

芜湖海螺水泥有限公司积极发展循环经济，实施低温余热发电项目，大力开展节能减排，努力打造资源节约型、环境友好型的现代化工厂。

（1）规划先行

为推进"十三五"期间环境保护事业的科学发展，加快集团公司向"环境友好型、资源节约型、绿色循环产业"的现代制造业转型升级，海螺集团制定了《安徽海螺集团有限责任公司环境保护"十三五"（2016—2020 年）规划》。未来将积极参与国家环保政策制订及课题研究、完善环保管理体系和制度、创建海螺集团环保大数据库、推进环保管理智能化、矿山生态环境保护与修复等工作，大力发展绿色环保产业。

（2）制度规范

为做好绿色工厂管理工作，提高能源利用率，公司设立了节能领导小组，公司在绿色工厂创建中通过设立《清洁生产管理制度》《清洁生产奖惩管理办法》《统计管理暂行办法》《峰谷电管理办法》《能源管理责任制度》《原煤使用、内部考核和统计核算管理办法》《环保目标考核管理制度》《节能减排统计指标体系及核算规范》等制度对原料、能源、排放等指标进行统计，对消耗用能的设备或工序都要制定用能消耗定额，按机台或班组实施考核，并与个人经济挂钩，落实奖惩。

（3）能源监测

公司建有能源管理中心，能源管理中心对企业的能耗生产和使用情况进行监测和统计分析，实现能源使用的全方位监控和管理，以利于改进能耗管理，实现降低能耗、减少排放的目标，如图6-5所示。

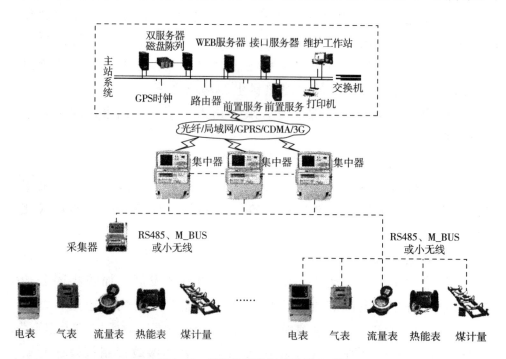

图6-5　海螺集团能源监测管理系统

系统主要功能包括能源消耗动态监测、电能质量监视分析、局部能耗分析、设备能耗分析、历史同比、能耗对比、整体能耗分析、企业能耗曲线、节能效果统计、能源损耗、单位产量能耗、单位GDP能耗等数据分析监测功能。

系统通过对各类能源数据的现场采集和集中管理，实现对各类能源消耗情况的在线监测和统计、分析，以利于管理人员及时掌握各个环节的能耗情况，评估各类节能设备和节能措施的实际成效，进一步为制定节能措施、规划节能方案提供决策的依据。

2015 年，公司各项能耗指标均满足能耗限额指标，根据生产报表，公司可比熟料综合能耗和可比水泥综合能耗分别为 105.01kgce/吨、91.07kgce/吨，均优于先进值水平（可比熟料综合能耗先进值为 110kgce/吨，可比水泥综合能耗先进值为 95.7kgce/吨）。2016 年芜湖海螺在对现场总图布局及工艺布置详细论证的基础上，对公司现有 4套 Φ4.2×14.5m 球磨粉磨系统进行节能技改，增加 4 套辊压机系统＋闭路粉磨工艺并优化现有配套装备，可有效降低水泥生产单位产品能耗指标水平。

（4）资源投入生态化设计

公司水泥熟料生产所需原材料以石灰岩矿为主，在生产过程中大量消化利用了铁尾矿选矿废渣、粉煤灰、脱硫石膏、煤矸石、水渣等工业废弃物，属于废弃物综合利用。水泥产品在出厂的时候要对水泥进行混合材的掺加，这样做是为了改进水泥的性能，以满足不同施工的要求，同时掺加混合材有利于节约水泥熟料，进而节约煤电使用和减少二氧化碳、二氧化硫排放量。水泥生产过程中产生的粉尘，通过布袋除尘器处理后达标排放，收集的粉尘可返回生产系统。公司熟料、水泥生产线均为目前最先进的新型干法线和低能耗水泥磨，单位水泥熟料产品原材料消耗量约 1.57 吨，原材料的消耗量保持在国内同行业领先水平，公司自身在生产过程中工业固体废物均循环作为原辅料使用，工业固体废弃物利用率基本保持在 100％，不仅如此公司在消纳自身产生的固体废物的同时，还大量消耗了如钢铁行业、电力行业产生的工业固体废物，为循环经济做出了应有的贡献。

（5）采用污染物处理新技术

公司主要污染物是粉尘、SO_2 和 NO_x 等废气以及风机等设备运转产生的噪声，公司在生产线设初期同期设计了相关污染物处理设备，全公司共配各有静电除尘器，布袋式除尘器，在线监控设备，生活污水处理设施，同时在2012—2014年期间陆续对6条熟料生产线全部投资建设了低氮燃烧＋SNCR脱硝减排设施，同时，公司对熟料生产线配套的窑头、窑尾电除尘器单相高压电源系统改造升级为三相电源系统改造，实施后公司减少粉尘排放，在日常生产运行中保持长期有效的运行维护，确保各类污染物排放符合相关标准要求。

（6）下一步工作

为持续推进绿色工厂建设，公司拟开展以下工作：一是持续实施治污减排，趋向绿色生产。重点推进氮氧化物减排、二氧化硫减排、粉尘减排管理、厂界噪声达标管理，加强污水和资源综合利用。二是促进节能技术推广。重点通过技术创新和技术改造，对制约节能的老旧生产线实施三风机、辊压机、分解炉等完善性技改，确保各项能耗指标保持行业领先。二是加强碳排放管理、开展碳捕捉项目研发。将建立完善的集团公司碳排放权管理制度和体系，做好碳金融工作，结合海螺水泥碳排放的行业特点，探索新型碳减排技术，鼓励实施水泥生产原料非碳酸盐原料替代试点，加大水泥窑协同处置生活垃圾、炉排炉垃圾发电、替代燃料、工业废弃物处置等环保技术的研发和储备力度，加速节能环保技术推广。

（三）阳光电源股份有限公司

1. 阳光电源股份有限公司简介

阳光电源股份有限公司成立于1997年，是一家专注于太阳能、风能等新能源电源的研发、生产、销售和服务的国家重点高新技术企业。主要产品有光伏逆变器、风能变流器、储能变流器等，并提供新能源发电系统的开发建设和运营管理等服务，是亚洲最大的光伏逆变器专业制造商、国内领先的风能变流器企业。2011年11月，阳光电源在深交所挂牌上市（股票代码300274），成为中国新能源电源行业首家上市公司。公司注册资金65827.8万元人民币。截至2015年底，公司拥有总资产67.83亿元，员工1728人，其中研发技术人员超过600人，具有博士、硕士学历的员工超过300人。2015年，公司实现营业收入45.69亿元，较上年增长49.21％。

阳光电源股份有限公司始终将技术创新作为企业发展的动力源，

坚持自主创新，研发投入逐年递增，近三年每年投入研发经费均占销售收入的 4% 左右，拥有一支以博士、硕士为主体的研发队伍，是电源行业最优秀的研发团队之一。公司已获专利授权 512 项，是行业内为数极少的掌握多项自主核心技术的企业之一，主持并参与制定了 5 项国家标准。公司主导产品光伏逆变器连续多年国内市场占有率保持第一，且遥遥领先。目前，公司已形成大型地面电站、厂房及建筑屋顶、家用类三大系列多种型号太阳能光伏逆变器。公司不断加大研发投入，巩固和提升核心技术，保持在太阳能光伏逆变器行业国内领先的位置，不断开拓国际市场。公司近三年光伏逆变器在国内市场稳居第一，2013 年和 2014 年发货量进一步跻身全球第二位，2015 年发货量跃居全球第一位。

2017 年 8 月，阳光电源股份有限公司入选第一批国家级绿色制造示范名单。

2. 阳光电源股份有限公司绿色工厂建设

（1）基础设施建设绿色化

对新建、改建和扩建建筑执行"三同时制度"，在建设时就着重强调环境保护法律法规的合规性，对项目全面实施环境影响评价和环境三同时验收制度，施工采用钢结构建筑和金属建材、生物质建材、节能门窗、节能保温材料、节能照明材料等绿色建材。且在建筑建设的同时，在屋顶设计了太阳能光伏发电系统，使资源合理利用优化。对基础设施定期环境监测，公司与第三方签订了协议，对有废水、废气、固体废弃物、噪声等重点环境排放进行定期监测。

（2）建立环境管理体系审计制度

公司自 2010 年起就建立了环境管理体系认证审计制度，是各项措施在实施中得到落实并不断完善，公司配备了专职环保技术和管理人员，负责工厂内环境管理、监督以及对外与环保行政主管部门联系并接受监督，确保厂区各项环境符合国家及地方相关标准规定。

（3）建立智慧能源运营管理中心

早在 2004 年，公司就开始了第一代的光伏电站专用监控系统的开发，这是公司将光伏发电与互联网技术相结合的最初应用实践。2010

年，公司开发了第二代 Solar info bank 监控系统，受到许多客户认可。2013 年，公司又开发出针对地面电站的第三代监控系统 Insightpro。

2015 年 4 月 1 日，公司与阿里云计算达成战略合作协议，发布全新开发的第四代监控系统——"智慧光伏云 I Solar Cloud"，强强合作，共同推动新能源向"互联网＋"的产业革新。可以集中监控公司在欧洲、澳洲、北美、东南亚等地部分光伏电站运行情况，为公司及运营商的能源管理决策提供依据。

未来，公司将融合近 20 年积累的太阳能电站的运维管理经验，以及全球领先的系统设计和创新开发实力，通过阿里云提供海量的计算、存储和网络连接能力，向客户的电站系统提供智能运维服务，包括为用户建立标准化、精细化的运行维护管理平台，实现旗下所有光伏电站的实时标准数据信息共享、自动化管理、电站设备故障预警、远程专家咨询和大数据分析、收益结算、知识库建设及管理等功能。此外，公司还将通过阿里云美国数据中心，向海外众多的太阳能电站项目提供智能运维服务。

（4）能源使用绿色化、投入智能化

能源使用绿色化。公司注重能源和管理与规划，优先采用可再生能源、清洁能源代替火电等化石能源，在厂区内利用厂房屋顶兴建光伏发电系统，已经累计建设 3MW 的光伏电站，形成了智能光储微电网，每年可发出近 300 万度的清洁电力，减排二氧化碳 2500 多吨。在低碳化发展方面，公司在产品研发、调试、测试等过程中优先使用屋顶光伏发电设施的电能，最大限度地利用清洁能源，减少电能的使用，以 2015 年为例，公司单位产值能耗仅 0.0021 吨标准煤/万元。

能源管理智慧化。2004 年起，公司就开始了第一代的光伏电站专用监控系统的开发，发展至 2015 年，公司与阿里云计算达成战略合作协议，发布全新开发的第四代监控系统"智慧光伏云 I Solar Cloud"，通过强强合作，共同推动新能源向"互联网＋"的产业革命。

能源投入智能化。公司针对互联网趋势下企业由传统生产向智能化、信息化生产转型的需求，以高效、敏捷、柔性为指导思想，用于产品的模块化和标准化设计，以实现制造系统的全程可视化、数字化为目标，运用 AutoMod、NX 等先进仿真和设计工具，通过制造系统模型的构建和统筹规划，运用 IT（信息化技术）＋AT（自动化技术）＋IE（工业工程），发展并完善智能制造执行系统（MES）和生产系统自动化，建设智能工厂，并利用云计算、大数据等信息技术带动系统联动，实现产品、机器、资源、人、信息的有机联系，提升工厂生产效率，以降低单位产品能源资源消耗，建设适应互联网时代的光伏逆变器生产系统和制造平台，解决大规模生产与信息化之间的矛盾，将机器人、智能设备和信息技术三者在制造业的完美融合，涵盖对工厂制造的生产、质量、物流等环节。不断实施信息化技改项目，增加自动化生产线，建设数字化车间，提高生产自动化、智能化水平，节省人力投入、提升劳动生产率通过添加母线加工线等措施进一步完善产品工艺流程，提高产品质量合格率。2016 年 10 月公司被认定为"太阳能光伏逆变器智能工厂"。

（5）资源利用高效化、绿色化

公司主营产品为光伏逆变器、风能变流器等新能源发电电源设备，产品在研发设计阶段即充分引入提升效率、降低损耗、减小体积、便于维护、环境友好等生态理念。

公司注重材料优选和节约，在原材料选型环节尽量减少原材料种类，产品使用的元器件采用优选等级管理，将器件分为 A、B、C、D、E、F 六个等级，器件的等级不是一成不变的，而是根据器件使用情况动态更新的，可以使得优选等级高的器件得到优先使用，优选等级低的器件会逐渐被淘汰。例如，对于 1％精度和 5％精度贴片电阻，优选 1％精度电阻，5％精度的电阻会被限制使用；对于插件接线端子，优选标准间距的接线端子，而对于非标准间距的限制使用，小间距的插拔端子，此前有 3.5mm 和 3.81mm 两种间距，优先使用 3.81mm 标准间距端子，已淘汰使用 3.5mm 非标准间距端子。通过优选管理可以有效减少器件使用的种类和数量，提高器件的质量和复用率。

公司注重产品效率和能耗，新能源发电电源产品，转换效率是其最重要指标之一，直接影响着系统的发电量。公司产品研发经过近 20

年的积累沉淀，目前采用先进的多出平电路拓扑结构和创新的控制算法，大幅度降低了损耗，提高了产品的转换效率。2014 年 5 月，公司发布了全球第一款效率超过 99％的商业化逆变器——SG60KTL，创造了行业的新高度。目前，公司光伏逆变器产品涵盖 3～3000kW 功率范围，转换效率全线突破 99％，达到国际领先的技术水平。

公司注重提升产品功率密度，在产品设计环节进行大量投入，通过合理的结构布局设计和热设计，不断缩小产品体积，提升产品功率密度。以公司主打产品 500kW 光伏逆变器为例，该产品在结构设计上经过了 5 轮更新，现产品体积较以前减少了三分之二。

公司注重产品绿色包装，在设计产品包装时，提前考虑包装材料对环境的友好性，尽可能地选择一些可回收利用的包装材料，如纸板、瓦楞板、纸塑等代替传统的木板、珍珠棉、泡沫等材料。从包装结构设计角度进行减量化设计，精简包装，选用的原料尽量单一、结构形式设计成可拆卸结构，便于回收再利用。

（6）产品深耕节能领域

公司主营业务产品新能源发电电源为非用能产品，而是将太阳能、风能等可再生能源发出的不稳定交流或直流电能转化为符合电网要求的交流电能，直接供用户使用或者馈入电网。公司产品转换效率处于国际领先水平，经权威机构检测，最大效率全线达到 99％以上。公司深耕新能源发电行业近 20 年，目前累计在全球安装超过 3100 万 kW 逆变设备，每年可生产清洁绿色电力 310 亿度，减排二氧化碳 2500 万吨以上，相当于每年新增树木 13.8 亿棵。

（四）泰尔重工股份有限公司

1. 泰尔重工股份有限公司简介

泰尔重工股份有限公司是世界冶金行业万向轴联轴器领域的领军企业之一，成立于 2001 年，位于国家级马鞍山经济技术开发区，注册资金 44935.06 万元，主要从事工业万向轴、齿轮联轴器、剪刃、滑板、卷取机及卷取轴、包装机器人等产品的设计、研发、制造、销售与服务。公司于 2010 年成功上市，成为冶金行业万向轴领域中的龙头企业，公司 2014 年、2015 年、2016 年在冶金行业用十字轴式万向联轴器产品的市场占有率分别为 22.06%、23.18% 和 25.13%，国内市场占有率连年第一。

公司设立并组建了国家级企业技术中心、国家级博士后科研工作站、院士工作站，先后主持或参与起草国家及行业标准 22 项。建设国家和省部级研发平台 8 个，已开展国家及省部级重大科技创新项目 10 余项，获得省级及以上科技奖项 3 项。

2018 年 2 月，泰尔重工股份有限公司入选第二批国家级绿色制造示范名单。

2. 泰尔重工股份有限公司绿色工厂建设

泰尔重工股份有限公司从 2010 年开始实施绿色"再制造"，并于 2015 年成立机械产品再制造国家工程研究中心冶金装备再制造技术研究中心，2016 年设立再制造院士工作站，2016 年核心产品再制造业务收入超过 1.2 个亿。公司现有业务再制造得到客户充分认可，现已经形成以先进表面工程技术为核心的尺寸恢复和性能提升的中国特色再制造模式，公司再制造业务基本占到市场 60%。公司现已完成唐山、包头、湛江服务站建设，2017 年准备在邯郸、日照地区建立服务站点，为绿色制造业务推广奠定基础。

（1）设备节能

在建设规划时就充分考虑了节能措施及各方面的节能潜力，重点引入了国内外先进生产设备、生产工艺。照明灯具大部分采用节能灯具，厂房白天生产多采用自然采光，最大程度上节省电力的使用。

（2）引导创新发展理念，体现生态经营

公司致力环境保护和循环经济实践，设置有专项环保经费用于节能减排和资源利用项目推动，在导入生态经营理念、实施循环经济发展模式过程中，按照"减量化、再循环、再利用"原则，在企业内部建立起"生产者、消费者、还原者"的工业生态链，将生态链向前延伸到绿色原料、能源及工业无机环境的构建上，向后延伸到消费领域，通过引导生态消费塑造绿色生产的理念、培育泰尔重工股份有限公司品牌、传播泰尔重工股份有限公司产业文化。

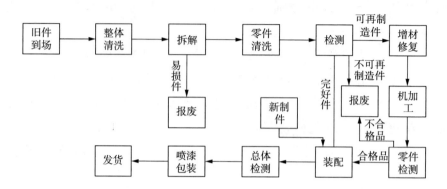

图6-6　泰尔重工再制造生产工艺流程

（3）以"绿色再制造"提升传统产业

泰尔重工股份有限公司在继承传统精髓的基础上，以全新的理念对传统工艺实施新型工业化改造，以期实现传统产业的升级与拓展。一是原材料方面坚持以循环经济为理念，通过轻量化设计和再制造技术，提高对旧件的利用率，减少对原材料的消耗。二是生产方面采用先进的数字化和智能化生产设备，提高生产效率，通过信息化全流程管控，实现了信息化与工业化相结合，提升了产品的可靠性与稳定性。三是工艺方面坚持"精细化、规范化、标准化、数字化"的操作，建立严格、规范的操作规程与质量标准，确保质量符合标准后方可转入下道工序。四是检测方面引进先进的原子吸收光谱仪、高精度显微镜等先进设备和仪器，建立了全国最大的传动轴实验检测平台，对产品进行把控，保证产品的质量。

（4）狠抓绿色绩效

一是用地集约化。公司用地容积率控制指标1.01，远远高于《工业项目建设用地控制指标》对企业提出的大于等于0.7的指标要求，单位用地面积产值达到1646.4万元/hm²。二是生产洁净化。公司主要污染物产生量低于行业平均水平，污水井处理达标后部分排入园区污水官网，部分经深度处理达标后回用于生产，废水回用率高于同行业平均水平。三是废物资源化。公司单位产品主要原材料消耗量约为1.4吨，低于同行业平均水平，工业固体废物综合利用率达到75%。

四是能源低碳化。公司单位产品综合能耗为 210.43kgce/吨，高于同行业 320.68kgce/吨的平均水平。

（五）安徽宣城金宏化工有限公司

1. 安徽宣城金宏化工有限公司简介

上海百金化工集团有限公司为贴近市场投资建厂，于 2007 年初在安徽宣城注册成立了全资子公司——安徽宣城金宏化工有限公司。公司位于宣城市宣州区经济开发区工业园内，占地面积约 94 亩，固定资产投资达 2.2 亿元，现有员工 166 人。其中，大专以上文化程度专业技术人员 37 人。

2018 年 2 月，安徽宣城金宏化工有限公司入选第二批国家级绿色制造示范名单。

2. 安徽宣城金宏化工有限公司绿色工厂建设

公司采用先进的天然气法工艺技术，年产二硫化碳 5 万吨，是目前全球单套规模最大的二硫化碳生产企业，公司工艺先进，装备优良，节能高效，环境友好，各项工艺指标均处于行业领先水平。公司坚持"安全生产、绿色发展"经营理念，取得了良好的经济效益和社会效益。

（1）技术改造

公司原采用的焦炭-硫磺流化床试验装置项目因产出率过低，未能达到预期。2014 年底，根据工信部颁布的《二硫化碳市场准入条件》，集团总部决定投入 7000 万元对公司装置实施天然气成熟工艺改造，该技术是《工信部仁硫化碳行业准入条件》推荐的先进生产工艺，劳动条件好、劳动生产率高、自动化程度高。二硫化碳技改项目于 2015 年 1 月份正式启动，6 月底完成设名，安装调试，7 月 4 日进行投料试生产，试车取得一次性成功。投产以来，公司通过对工艺、设备的优化调整，实现了生产装置连续、安全、稳定运行，特别是采取了多项节能措施，显著降低了天然气消耗，取得了良好的经济和社会效益。

（2）产品设计生态化

二硫化碳最大的用途是制造粘胶人造丝和粘胶短纤维，一般占总量的 75％左右；用于生产玻璃纸占 5％；用于生产四氯化碳占 10％以下；剩余为 10％以上用于化工、橡胶、浮选剂、农药、医药、染料、石油工业。二硫化碳及其衍生物还应用于溶剂及萃取剂，预硫化催化剂，化学试剂等。

公司硫磺回收部分采用部分燃烧法，即一级高温转化，二级催化转化工艺。硫磺回收的尾气处理工艺的选择，首先考虑应满足环保要求并要有超前意识，其次为工艺技术的先进性、可靠性，并在经济上合理。就尾气处理方法而言，至今已有十多种工业方法可供选择，近十多年国外发展最快的硫磺回收和尾气处理工艺主要分为低温克劳斯法、选择性氧化法、还原吸收法等三类。三种工艺方案都能满足环保要求，前两者属于专利技术适应于规模较小的硫磺回收尾气处理，后者为国内外大型炼油企业、天然气企业普遍采用的尾气处理技术，处理后尾气完全满足国内及欧盟环保标准，公司天然气-硫磺法生产装置的硫磺回收尾气处理均采用该工艺，该工艺的缺点是投资及运行成本较前两者高，但更适应于大型硫磺回收的尾气处理。

（3）环境排放管理

一是设有尾气处理系统，公司排放尾气通过两级克劳斯硫磺回收配套加氢还原先进工艺技术进行处理，通过反应制备硫回收工艺、加氢工艺等工艺流程进行处理，并对处理后的尾气实施在线监测，确保二氧化硫和氮氧化物的外排浓度和外排速率达标。二是废水处理系统管理，尾气处理系统排水、生产制备软水经过中和池加盐酸中和处理后通过市政污水管网进入宣州区污水处理有限公司进行处理。三是废气排放处理，公司废气通过尾气处理系统的80米高烟草排放，根据监测结果，公司废气外排废气中 SO_2 最大外排浓度为 $74mg/m^3$，最大外排速率为 $2.053kg/h$，NO_x 最大外排浓度为 $35mg/m^3$，最大外排速率为 $0.945kg/h$，均能满足《大气污染物综合排放标准》GB16297—1996 表2中二级标准的排放要求，且单位产品废气产生量优于行业前5％水平。四是固体废弃物排放处置，公司生产过程中固体废物硫磺全部综合利用，解决了固体废物的污染问题，实现了固体废物的资源化和无害化处理。五是碳排放处理，公司委托有第三方核查机构对公司开展产品碳足迹的盘查工作，2016 年公司单位产品排放量为 0.621

吨，同比 2015 年下降 3.87%，优于行业前 5% 水平。

（4）能源利用优化

公司采用天然气-二硫化碳工艺，优化用能结构，实现连续化生产，较焦炭-二硫化碳生产工艺有大幅下降。2016 年公司单位产品综合能耗为 608.68kgce/t，同比下降 2.97%，单位产品综合能耗优于行业前 20% 水平。公司下一步还将加强 30kW 光伏发电项目、加热炉余热回收、节能型尾气灼烧余热回收等技术的开发和应用。

（5）建设安全管理体系

公司始终坚持"绿色、创新、标准、品牌"八字发展方针，秉承"安全为天、环保为根、以人为本、依法治企"的安全生产理念，不断推进百金特色杜邦式安全管理体系的建设与深入。为确保安全生产需要，公司建立了一支由 6 人组成的专职消防队，配备价值 50 多万元的消防车一辆和各类消防防护物资，并定期开展消防事故应急演练公司同样高度重视环保治理工作，投入使用了上千万元的加氢还原系统，并设立了 24 小时在线监测，确保废气达到甚至低于国家排放标准，尽管生产单耗上升，成本增加，但从对社会高度负责和公司的长治久安角度出发，我们应该而且必须承担这个代价，这也是符合百金集团作为二硫化碳行业领军者应该承担的责任。

（6）管理信息化

目前，公司正一方面切实推进信息化管理工作，确保公司 ERP、OA、DCS 等信息化系统运行稳定正常；另一方面全面规范内部管理，加强工艺操作规程、安全教育、企业文化等各类培训学习，在全公司范围内扎实有效地开展"5S"管理活动，确保公司各项工作规范化、标准化、制度化运行，同时积极为员工营造良好的工作和生活环境，促进公司可持续发展。

三、绿色设计产品典型案例分析

（一）合肥美菱股份有限公司绿色设计产品

1. 合肥美菱股份有限公司简介

合肥美菱股份有限公司位于合肥市经济技术开发区，拥有合肥、绵阳、景德镇三大冰箱（柜）制造基地、绵阳和中山空调制造基地，具有年产 630 万台冰箱、120 万台冷柜、5 万台深冷冰箱、240 万台空调器生产能力。在国内市场，美菱有 40 多个管理中心和合资营销公司，销量连续三年保持 20% 以上的增长。2015 年美菱股份营业收入 104 亿元，盈利约 3000 万元。

30 年来，美菱始终坚持"自主创新，中国创造"，一直矢志不移地专注制冷行业，以技术创新和产品创新为核心，精心打造企业核心竞争力，公司成立了安徽省首家 RoHS 公共检测中心、国家级企业技术中心、国家级博士后科研工作站，使美菱在节能、无霜、深冷、变频、智能化等多个领域不断取得突破性成果。近年来，伴随互联网、云计算、大数据等新一代信息技术的迅猛发展，美菱加快家电智能化进程，形成"硬件＋服务"的双增长引擎，带动公司盈利模式的转型升级，探索家电企业服务增值新模式。

美菱公司现有在职员工 4000 余人，具有硕士及以上学历的高级人才 100 人，大专和本科学历的员工 1372 人。截至 2016 年底，公司的技术研发队伍共有技术人员 540 人，主要分布在绿色设计、制冷技术、变频技术、智慧技术、节能技术、深冷技术、保鲜技术等方面，为公司的技术创新提供了有力的保障。

2018 年 2 月，美菱公司开发的"冷藏冷冻箱""全保鲜冰箱""转换型冷藏冷冻箱""卧式冷藏冷冻箱"入选第二批国家级绿色制造示范名单。

2. 产品和设计亮点

（1）绿色材料开发与替代

针对国内有毒有害物质控制、回收利用、能效水平等法律法规，研究并收集整理冰箱产品常用材料的技术、经济和环境特性，建立家电产品禁用/限用有毒有害物质、常用材料性能数据库；研究材料的技术、经济和环境性能的综合评价方法，提供选材依据；研究冰箱产品零部件的性能特点及技术要求、失效影响、设计规范等，开发免喷涂高光泽高分子、可降解包装、金属质感塑料和陶瓷质感材料配方等系列化绿色材料以及有毒有害物质替代材料。

（2）绿色包装使用与研究

从产品包装向轻量化、易回收和绿色环保的发展需求出发，对 EPS 泡沫等材料减量化设计、环保可回收包装材料利用、绿色可回收循环包装等技术进行研究，开展拼装式复合包装、蜂窝纸板、空气包装袋等新型包装方式的研究，从而减少包装材料的使用，提高可回收材料利用率，减少碳排放。

（3）少无废制造工艺技术

针对冰箱产品现有生产工艺及其关键部件生产工艺，统计单位产值原材料消耗量及其资源利用状况等，建立物料平衡模型，确定废料主要产生环节和原因，通过采用内衬绕管及冷凝器自动贴服工艺、设计新结构药芯焊环、组合聚醚三元一次混合发泡工艺等技术改进，选择和开发机器人自动涂 PUR 胶水等先进的工艺和设备，减少或消除废料的产生。

（4）少无毒制造工艺

围绕冰箱常用的有害物质铅、铬、六价铬、汞、PBB、PBDE 等，研发或优化有毒有害物质替代工艺及装备，研究少无毒制造工艺的质量一致性和稳定性，改进 245fa 快脱料发泡料配方，加快反应速度，缩短后熟化时间，改进原料流动性；优化模具和工艺参数控制，实现环境友好和产品性能的综合优化。

（5）节能制造工艺与装备

针对冰箱产品现有生产工艺及其关键部件生产工艺，统计其能源利用状况，建立能量消耗模型，确定能量主要产生环节和原因；针对 U 壳成型、发泡、压合、焊接、测试等冰箱冰柜产品主要耗能工艺，优化现有制造工艺；研究自动装配、智能调试、红外成像测试、自动包装以及控制技术，实现玻璃门预装的自动化等；基于多阶段混联思想，研究产品碰撞概率、混联缓存区分配以及生产线产能波动对生产效率的影响，研发高效、智能冰箱产品生产线，提高生产效率，实现节能。

（6）生产废料资源化及无害化处理技术

针对制造过程产生的高价值废料，研究废线路板、金属边角料、废塑料等三废的资源综合利用工艺与设备，形成场内物料循环利用的技术方案；针对制冷剂、发泡剂、组合聚醚、异氰酸酯等有毒有害物质的三废研究无害化处理技术，实现制造过程的清洁生产。

（7）自主研发 PLM 综合设计平台

PLM 综合设计平台可以系统分析产品在整个生命周期中的资源能源特性和环境影响因素，从生命周期的角度分析产品的绿色设计需求；提出支持家电产品绿色设计的实施流程，并解决其中的关键技术；建立集材料选择、结构设计、拆卸与回收性能评估、分析与改进的绿色产品设计方法，如图 6-7 所示。

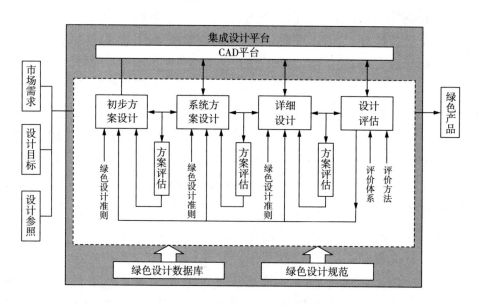

图 6-7　家电产品绿色设计流程

（二）中国扬子集团滁州扬子空调器有限公司绿色设计产品

1. 中国扬子集团滁州扬子空调器有限公司简介

中国扬子集团滁州扬子空调器有限公司（以下简称扬子空调）位于安徽省滁州市经济技术开发区，占地面积 240 亩、员工 900 人，主营家用空调、中央空调和热泵热水机组等系列产品，长期致力于人工环境工程研究和节能环保技术研究，是专业的暖通和制冷设备制造企业之一。

扬子空调是高新技术企业，拥有"国家级企业技术中心"和"国家 CNAS 认可实验室"，具备国家认可的独立监测证资质，技术中心下设 7 个产品研究所和 14 个综合检测实验室。公司始终遵循"节能环保"的国家产业政策导向，大力开展创新技术的研究与创新产品的研发。今年来，公司获得各类专利成果数百项，并先后承担了一大批国家及项目课题的研究和推进，获得"国家技术创新示范企业""国家级知识产权优势企业""国家两化融合管理体系贯标企业"和"中国工业设计十佳创新型企业"称号。

扬子家用空调大量采用直流变频技术、新型冷媒技术、高能效技术、减振降噪技术等新型节能环保技术，为顾客带来更舒适、更静音、更可靠的用户体验。扬子空调已出口到世界多个国家和地区，成立了滁州、南京和香港三个海外营销公司，先后建立了京东商城自营旗舰店、天猫旗舰店、苏宁易购旗舰店等多种电子商务模式。

2018 年 2 月，扬子空调开发生产的房间空气调节器入选第二批国家级绿色制造示范名单。

2. 产品和设计亮点

空气调节器是一种用于给空间区域（一般为密闭）提供处理空气温度变化的机组。它的功能是对该房间（或封闭空间、区域）内空气的温度、湿度、洁净度和空气流速等参数进行调节，以满足人体舒适或工艺过程的要求。扬子空调开发生产的空气调节器具有变频、冷暖调节功能，是全直流变频超一级能效空调，更节能更省电，压缩机采用国际知名品牌高能效压缩机，内外电机均采用行业知名的高效直流电机，采用 R410A 环保冷媒，在正常工作和使用条件下产品的环保使用年限为 15 年，恶劣环境下（环境温度 $-15℃\sim55℃$）机器能够正常工作，宽电压下（$160\sim265V$）能够可靠运行。内机结构系列化（V2/V3/V5 等多种型号），外籍采用平台化设计，系统、控制部件采用模块化设计，采用变频、模糊化控制技术；遥控器功能设置自动挡及 ECO 节能模式；零部件采用通用化设计，通用率高达 90% 以上；内外机结构设计均采用卡扣及螺钉进行紧固，易于安装、拆解；产品主要设计材料主要为 ABS/PS 材质、镀锌板、铜、铝件及 EPS 发泡泡沫，可回收进行重复利用。

对安徽省绿色制造试点示范区域及产业结构分布情况进行分析，有利于整体把握全省绿色制造开展情况、区域性绿色发展水平情况和产业绿色发展引领情况，进而为产业政策制定和产业结构调整提供依据。通过上述若干绿色示范典型案例分析，向我们展示了安徽省一些绿色制造示范园区和企业的一些具体做法和经验，这些成功案例，不仅对绿色发展引领起到很好的示范带动作用，还为在全省乃至全国范围内进一步推进制造业绿色发展提供了很好的借鉴作用。

参考文献

[1] 中国政府网.

[2] 国家发改委、环境保护部、工信部等政府部门网站.

[3] 安徽省人民政府信息公开网.

[4] 安徽省发改委、安徽省环保厅、安徽统计局、安徽省经信委等政府部门网站.

[5] 佚名. 安徽省出台绿色生态城市建设指标体系[J]. 建设科技,2017 (16):5.

[6] 吴珣,杨婕,张红. 不同空间权重定义下中国人口分布空间自相关特征分析[J]. 地理信息世界,2017,24 (02):32-38.

[7] 张瑶,孙欣. 安徽省生态文明的综合评价与实证分析[J]. 荆楚理工学院学报,2016 (06):77-85.

[8] 佚名. 安徽省出台文件推进生态文明建设[J]. 建材发展导向,2016 (20):81.

[9] 吴慧玲,齐晓安,张玉琳. 我国区域生态文明发展水平的测度及差异分析[J]. 税务与经济,2016 (03):36-41.

[10] 关海玲. 基于熵值法的城市生态文明发展水平评价的实证研究[J]. 工业技术经济,2015 (01):116-122.

[11] 张茜,王益澄,马仁锋. 基于熵权法与协调度模型的宁波市生态文明评价[J]. 宁波大学学报 (理工版),2014 (03):113-118.

[12] 康晓娟,杨冬民. 基于泰尔指数法的中国能源消费区域差异分析[J]. 资源科学,2010 (03):485-490.

[13] 王筱明. 基于熵权法的济南市土地利用效益评价研究[J]. 水土保持研究,2008 (02):96-98.

[14] 李敏,王璟,颜健,等. 绿色制造体系创建及评价指南[M]. 北京:电子工业出版社,2018.

[15] 国家制造强国建设战略咨询委员会,中国工程院战略咨询中心. 绿色制造[M]. 北京:电子工业出版社,2016.

[16] 谷树忠,谢美娥,张新华. 绿色转型发展[M]. 杭州:浙江大学出版社,2016.

[17] 邢明才,邱畅,李华昭. 论绿色制造的发展现状和发展趋势[J]. 科技中国,2016 (12).

[18] 高益敏,杨柳. 绿色发展推动生态文明建设[N]. 中国环境报,2018-03-08.

[19] 朱虹. 绿色制造是世界各国制造业重要主题[N]. 中国企业报,2016-04-26

[20] 李博洋,顾成奎. 中国区域绿色制造评价体系研究[J]. 工业经济论坛,2015 (02):23-30

[21] 刘飞，曹华军，何乃军．绿色制造的研究现状与发展趋势[J].中国机械工程，2000
    （02）：105－109

[22] 卢静，孙宁，刘双柳．推进工业领域污染防治的实施战略研究[J].环境保护科学，2016
    （04）：56－70

[23] 郇庆治．国际比较视野下的绿色发展[J].江西社会科学，2012（08）：5－11

[24] 李博洋，莫君媛．环球同此凉热——全球主要经济体绿色制造发展策略[J].装备制造，
    2016（11）：76－79

[25] 高云虎．制造业绿色发展途径何在？[N].中国环境报，2015－6－18

[26] 董秋云．供给侧结构性改革背景下的制造业绿色转型路径探讨[J].生态经济，2017
    （08）：129－133